AF493463

MUSÉE SCOLAIRE DEYROLLE

HISTOIRE NATURELLE
DE LA
FRANCE

15e PARTIE

ACARIENS, CRUSTACÉS
MYRIAPODES

AVEC 18 PLANCHES

PAR

Paul GROULT
Secrétaire de la Rédaction du journal *Le Naturaliste*.

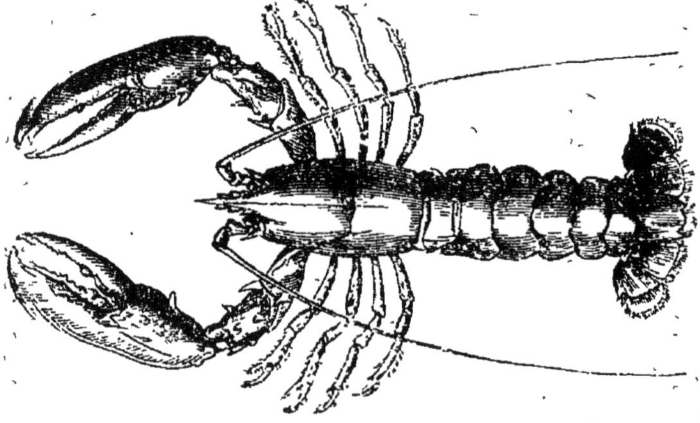

PARIS
ÉMILE DEYROLLE, NATURALISTE
23, RUE DE LA MONNAIE

HISTOIRE NATURELLE DE LA FRANCE

15e PARTIE

ACARIENS, CRUSTACÉS
MYRIAPODES

8509-87. — Corbeil. Imprimerie Crété.

MUSÉE SCOLAIRE DEYROLLE

HISTOIRE NATURELLE

DE LA

FRANCE

15e PARTIE

ACARIENS, CRUSTACÉS
MYRIAPODES

AVEC 18 PLANCHES

PAR

Paul GROULT

Secrétaire de la Rédaction du journal *Le Naturaliste*.

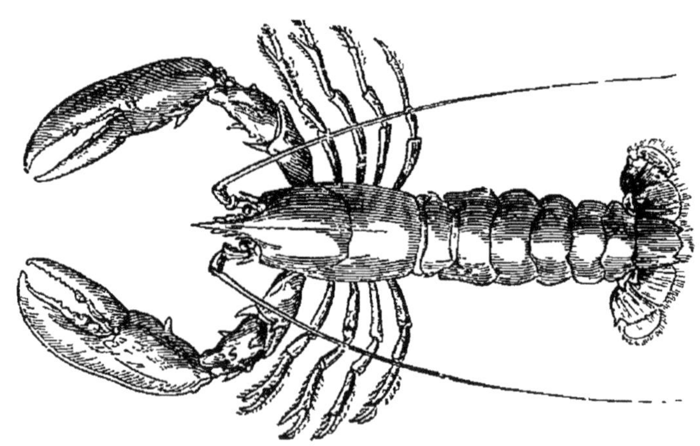

PARIS
ÉMILE DEYROLLE, NATURALISTE
23, RUE DE LA MONNAIE

PRÉFACE

Ce volume, qui donne un résumé succinct de l'histoire des espèces d'Acariens, Crustacés et Myriapodes qui se trouvent en France, n'a pas la prétention de présenter une suite de mémoires et de travaux originaux; nous avons largement puisé dans les travaux de nos devanciers: notre rôle s'est borné à condenser et mettre à la portée de tous les histoires générales et les monographies complètes que ne saurait aborder un débutant sans éprouver des difficultés qui trop souvent amènent le découragement. Nous n'avons eu en cela qu'à nous inspirer du but poursuivi par celui qui a organisé la publication de cette *Histoire naturelle de la France* et suivre comme modèle ce qui avait été fait dans les précédents volumes publiés sous sa direction; nous serons très heureux que cette partie ait le même succès que ses devancières et soit accueillie avec la même faveur, c'est là notre plus grande ambition.

Nous nous sommes appliqués à rendre les descriptions concises, en même temps que claires : des tables dichotomiques par ordres, sous-ordres, familles, etc., permettront de trouver facilement le genre de telle ou telle espèce; de plus, un grand nombre de planches hors texte faciliteront cette tâche.

Nous citerons ci-après les ouvrages dans lesquels nous avons puisé le plus grand nombre de documents :

Histoire naturelle des Arachnides et des Myriapodes, par M. Lucas.

Histoire naturelle des Insectes aptères, par M. le baron Walckenaer.

Les parasites et les maladies parasitaires, par P. Mégnin, et diverses monographies sur les *Acariens*, par le même auteur.

Histoire naturelle des Crustacés, par M. Milne-Edwards.

Monographie des Crustacés-Cirrhipèdes, par Darwin.

Monographie des Monocles, par Jurine, etc., etc.

Paris, 1887.

ACARIENS, CRUSTACÉS, MYRIAPODES

GÉNÉRALITÉS

Les Acariens, les Crustacés et les Myriapodes sont des Arthropodes, c'est-à-dire des animaux à pieds articulés (ἄρθρον, article; ποῦς pied); grâce à leurs membres, ces animaux nagent, marchent ou rampent rapidement soit sur la terre, soit au milieu des eaux. En général le corps présente trois régions distinctes : la *tête*, le *thorax* et l'*abdomen*, dont les appendices ou membres possèdent une structure fort variable par suite des fonctions différentes qu'ils sont appelés à remplir. La *tête* forme la région antérieure du corps, et porte les organes des sens et les pièces de la bouche; les membres de cette région se transforment ordinairement en antennes et en organes masticateurs, mais ils peuvent être aussi des organes de locomotion et de fixation. Le *thorax* se distingue par sa taille plus grande, ainsi que par la rigidité des téguments; il porte des membres locomoteurs, les pattes. L'*abdomen* se compose d'anneaux peu ou point modifiés, mais ses membres sont plus ou moins atrophiés et peuvent même faire complètement défaut; nous verrons chez certains Crustacés parasites que la division du corps en segments ou anneaux disparaît à l'état adulte. La peau est généralement dure : il se dépose dans sa substance fondamentale chitineuse des sels calcaires ; cette peau se transforme alors en une cuirasse plus ou moins

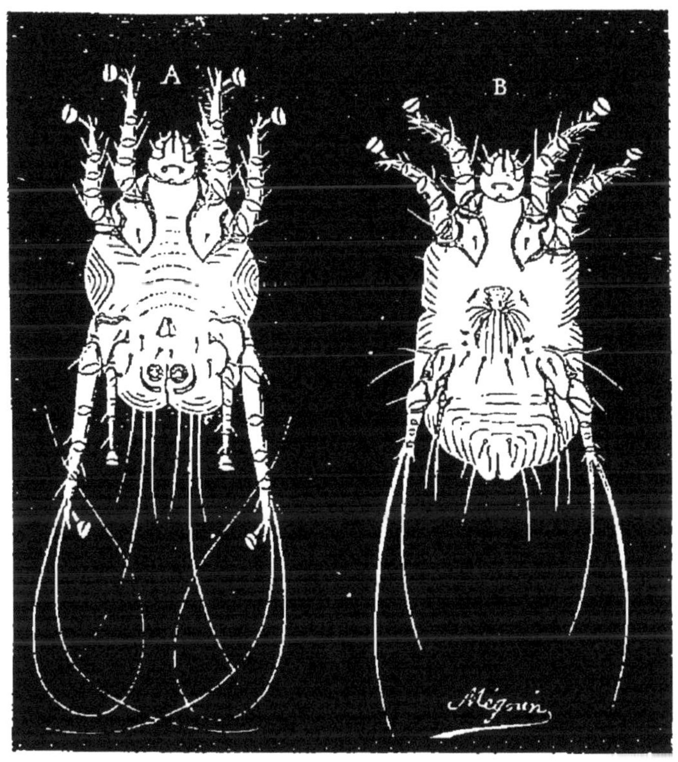

Fig. 1. — Acariens (*Chorioptes ecaudatus*). A, mâle ; B, femelle.

solide, interrompue seulement entre les anneaux par de minces membranes, qui servent de moyens d'union. Le tégument subit de temps en temps, et surtout pendant le jeune âge, des mues. Chez les Crustacés ces mues ont aussi lieu pendant l'état adulte ; ces animaux abandonnent complètement leur ancienne carapace, devenue trop petite pour contenir leur corps. Les Acariens et les Myriapodes respirent par des *trachées*, tubes internes arborescents remplis d'air; les Crustacés respirent au moyen de branchies, qui sont des appendices des membres, tubuleux et ramifiés. Les sexes sont généralement séparés, à l'exception cependant de certains Crustacés, les Cirrhipèdes, dont quelques espèces sont

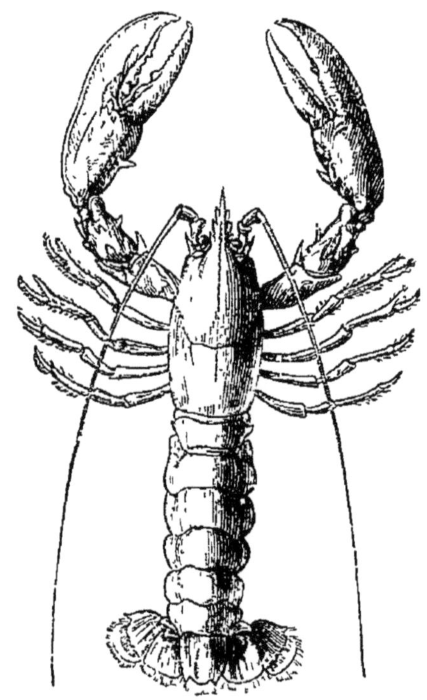

Fig. 2. — Crustacé (Homard, *Homarus vulgaris*).

hermaphrodites; les mâles et les femelles offrent souvent une forme et une organisation très différentes : ainsi chez les Crustacés parasites le mâle est beaucoup plus petit que la femelle et vit sur cette dernière comme le ferait un parasite.

Les Acariens (fig. 1) ont huit pattes et appartiennent à la classe des Arachnides. Nous commencerons la description des espèces des Acariens par le petit groupe des *Pygnogonides*, qui ne renferme qu'un nombre restreint de genres et d'espèces. Rangé pendant longtemps parmi les Crustacés, on s'accorde généralement à placer ce groupe entre les Acariens et les Araignées, quoique les animaux qui le composent paraissent posséder un plus grand nombre de pattes, grâce à la présence d'une paire accessoire portant les yeux.

Les Crustacés (fig. 2) ont toujours plus de quatre paires de pattes : ils en ont dix comme le Homard ou le Crabe,

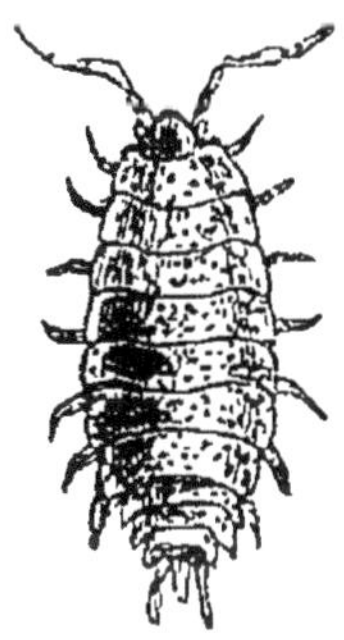

Fig. 3. — Crustacé (Cloporte).

ou un plus grand nombre comme le Cloporte (fig. 3) qui en a quatorze. Ils ont des mâchoires latérales, des yeux à facettes. Nous avons dit plus haut que les Crustacés changeaient de carapace à certaines époques, surtout pendant le jeune âge; voici comment s'accomplit ce phénomène quand le moment de la mue est venu : la carapace se détache du premier anneau de l'abdomen, en même temps qu'elle se fend par le milieu, et l'animal sort de la vieille carapace avec une peau toute neuve. Celle-ci est complètement molle ; l'animal se cache alors au fond de quelque trou, jusqu'à ce que sa nouvelle peau soit devenue aussi résistante que la précédente, ce qui a lieu après un petit nombre de jours.

Les Acariens occupent une place importante dans l'économie domestique; certains d'entre eux sont des parasites redoutables pour l'homme même et les animaux domestiques; d'autres vivent aux dépens de nos provisions; quelques-uns sont au contraire des auxiliaires de l'agriculture. On trouvera plus loin un chapitre spécial sur leur rôle, avant les descriptions des espèces de cet ordre.

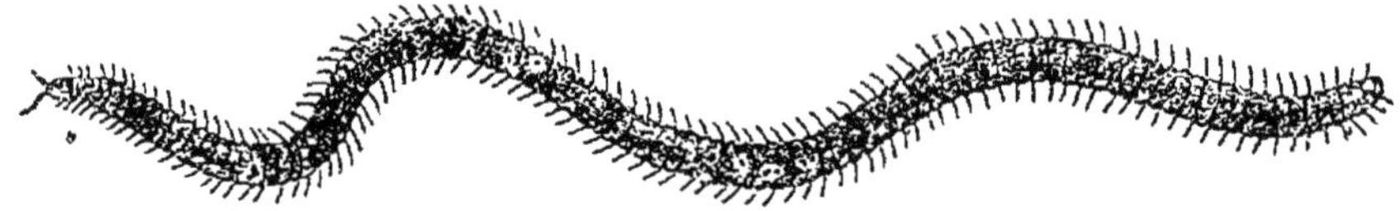

Fig. 4. — Myriapode (*Geophilus electricus*).

Les Myriapodes (fig. 4) ont des pattes articulées sur tous les anneaux du corps qui suivent la tête; ils ne sont pas aquatiques, mais vivent dans les lieux humides.

RÉCOLTE ET PRÉPARATION.

Les Acariens étant pour la plupart des animaux fort petits, leur recherche sera toujours assez difficile. Tous les Acariens ne sont pas parasites d'animaux, bien que beaucoup puissent le devenir; bon nombre vivent sur la terre, les herbes, dans la poussière, les farines altérées, les collections d'insectes, etc. Pour se procurer les espèces parasites sur les animaux et qui déterminent des gales, il suffit de gratter les croûtes formées, puis de les examiner au microscope composé ou plutôt d'abord à la loupe montée, ce qui permettra d'abord d'isoler les parasites, avant de les préparer définitivement pour l'examen microscopique.

La loupe montée est du reste pour ces travaux délicats un instrument fort commode ; avec les outils de dissec-

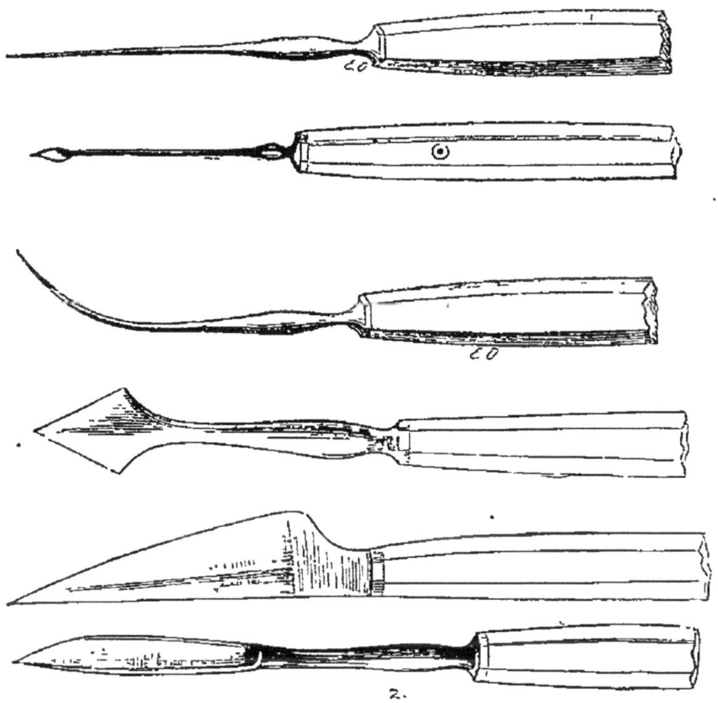

Fig. 5. — Aiguilles droite, courbe et outils de dissection fine (grandeur naturelle, modèles courants).

tion fine (fig. 5), les scalpels, les aiguilles droites et courbes, on parvient facilement à isoler ces animaux microscopiques.

La loupe montée ou microscope simple donne, avec un grossissement important, un foyer assez long pour qu'on puisse manœuvrer les instruments sous la lentille ; de plus il ne renverse pas les images : la largeur et la disposition de la platine offrent les meilleures conditions pour qu'on puisse y travailler sans fatigue.

Nous donnons ci-après la description de la loupe montée (fig. 6), du modèle le plus récent, qui comporte bon nombre de perfectionnements et qui, par l'adjonction de certaines pièces que nous décrirons, peut servir de microscope composé. Cet instrument se compose d'un pied lourd en cuivre, forme fer à cheval, surmonté

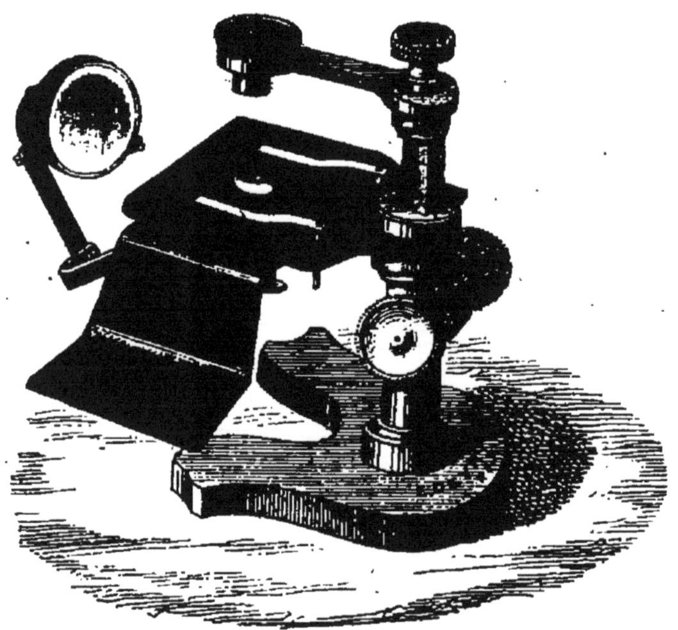

Fig. 6. — Loupe montée ou microscope simple.

d'une colonne en cuivre supportant la platine, percée d'un trou central et munie de deux valets ou pinces, en cuivre, qui servent à fixer la lame de verre sur laquelle se trouve l'objet. La colonne en cuivre est creuse et dans son intérieur monte et descend, à l'aide d'une crémaillère très régulière mue par un double bouton moleté, une tige carrée portant une branche horizontale destinée à recevoir les doublets. En dessous de la platine se trouve un miroir plan et concave, à tige tri-articulée, qui sert à l'éclairage des objets transparents et même des objets opaques, suivant la position qu'on lui fait prendre en dessous ou en dessus de l'objet à examiner. La platine est particulièrement commode en raison des deux plans inclinés qu'elle porte de chaque côté et qui peuvent s'enlever à volonté suivant les besoins. La partie optique se compose de deux doublets achromatiques. Ces doublets se dévissant fournissent trois grossissements, dont le plus fort est de 40 diamètres. Il serait facile de donner un grossissement plus fort, mais cela serait aux dépens de la commodité et de la netteté des objets. Par une disposition ingénieuse de cet instrument, cette loupe peut être transformée en microscope composé. A l'extrémité de la tige supportant la branche porte-doublets, se trouve une vis de pression qui, étant enlevée, permet de supprimer cette branche qui porte les lentilles ; à la place qu'occupait ladite branche se fixe, à l'aide de la même vis, un fort bras en cuivre avec manchon qui reçoit le tube porteur des oculaires et des objectifs. La loupe montée (fig. 7) se trouve ainsi transformée en microscope composé ; la mise au point se fait soit par la crémaillère, soit par le tirage du tube.

La partie optique du microscope est composée suivant les besoins et le grossissement que l'on veut obtenir ; nous conseillerons l'emploi des objectifs n° 0 à 5 et des oculaires n° 1 à 3, car l'emploi de plus forts objectifs ne serait pas pratique, cet instrument ne comportant pas de vis micrométrique.

Les très petites espèces d'acariens qui ne peuvent être

bien examinées qu'à l'aide du microscope composé doivent être préparées d'une façon spéciale afin de pouvoir être étudiées en détail. Elles sont ordinaire-

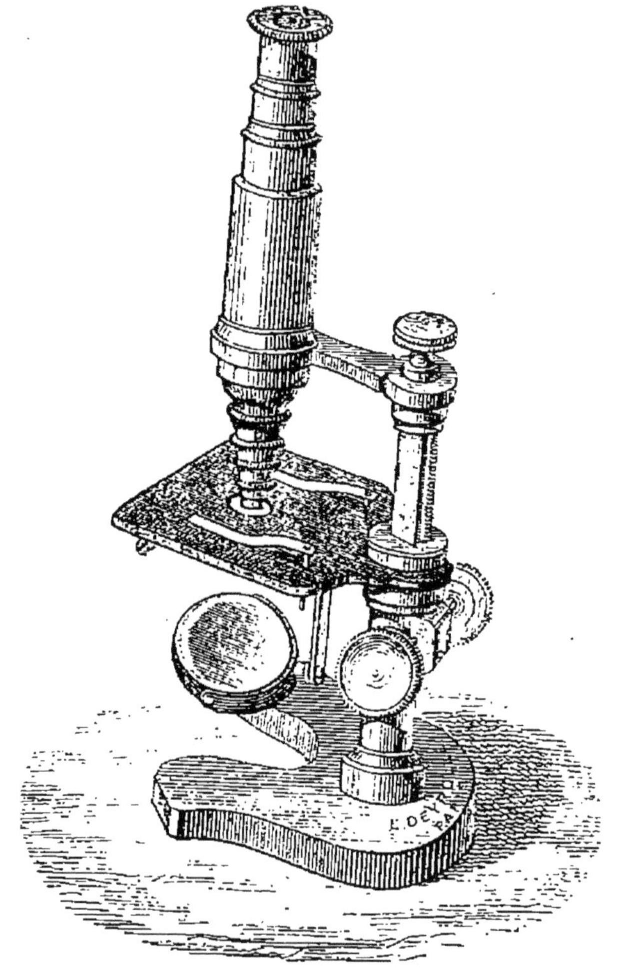

Fig. 7. — Loupe montée (fig. 6), transformée en microscope composé.

ment préparées dans leur entier, à cause de leur très petite taille ; cependant on peut isoler et préparer à part les pièces du rostre, les pattes et autres parties qui sont très intéressantes à être vues sous de forts grossissements. Voici la méthode généralement employée : on plonge l'animal dans l'alcool pur ou mélangé d'essence de térébenthine, puis on l'étend sur une plaque de verre, on le recouvre d'une goutte de baume du Canada pur ou dissous dans le chloroforme, et on applique une lamelle en dessus ; une légère pression suffit pour faire étendre la goutte de baume, maintenir la préparation et faire adhérer les lames ensemble. Si l'on veut vider les acariens, on comprime un peu le verre supérieur dans le sens de la longueur du corps ; le contenu du corps sera alors expulsé par l'anus. Il faut éviter de tremper les acariens dans l'eau avant de les monter, parce qu'ils retiennent alors beaucoup de bulles d'air. Il faut avoir soin de maintenir les pattes écartées afin de pouvoir compter les articles.

Les grosses espèces, comme les Ixodes, peuvent être conservées dans l'alcool ou autre liquide ; on les renferme dans de petits tubes à goulot un peu étranglé afin de bien comprimer le bouchon de liège qui les ferme et éviter l'évaporation du liquide.

Nous devons toutefois, pour être vrai, dire que lorsqu'on veut pousser l'étude des infiniment petits qui offre tant d'attraits, dans les limites permises par l'optique, il faut recourir au microscope composé ; les perfectionnements qui sont apportés tous les jours à cet instrument ont permis de découvrir bien des faits du plus haut intérêt, mais ce qui reste à trouver encore nous promet des surprises : ce ne sera pas la moindre gloire de notre siècle. Pour quiconque a quelques loisirs et peut y regarder, il y a un monde de faits à recueillir, des volumes d'observations nouvelles à consigner.

L'acquisition d'un bon microscope est un acte qui a bien son importance ; c'est un instrument qu'on n'a pas

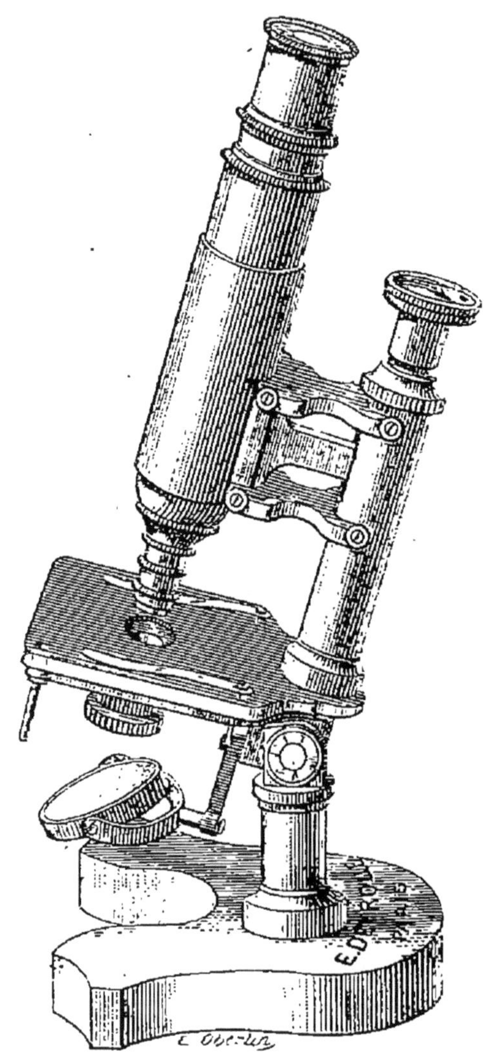

Fig. 8. — Microscope modèle moyen.

l'intention de renouveler; on tient à l'avoir bon, sans cependant y mettre un prix excessif : nous croyons donc rendre service à nos lecteurs en les guidant dans ce choix, en leur décrivant succinctement les appareils que nous leur conseillons et en leur montrant les services qu'ils peuvent en attendre.

Le modèle moyen (fig. 8), que nous conseillons, repose sur un lourd pied en cuivre; il est à inclinaison. Le mouvement rapide se fait par le tirage du tube dans le canon, le mouvement lent par vis micrométrique. Ce mouvement micrométrique sans frottement est établi à l'aide d'un parallélogramme articulé. La platine de l'instrument est large; le porte-diaphragmes est à mouvement vertical et à coulisse. Cet instrument se vend 200 francs, avec deux objectifs à 4 et 7, à grand angle d'ouverture et deux oculaires 2 et 4. Le grossissement maximum obtenu est de 600 diamètres; ce grossissement est bien considérable pour l'examen des acariens au point de vue *espèces*, mais si l'on veut pousser en avant les recherches et étudier en détail certaines parties, il est utile d'avoir recours à ces grossissements. L'objectif 4 et l'oculaire 2 forment un système excellent pour la détermination de ces animaux microscopiques.

Ajoutons que, ne devant pas servir uniquement à l'étude des acariens, il est des plus pratiques pour la micrographie élémentaire : c'est le modèle adopté pour les écoles, où il doit servir à tout.

A ceux qui ne voudront pas faire cette dépense nous conseillerons un instrument plus petit (fig. 9), qui est aussi d'un plus petit prix; il ne coûte que 95 francs: bien que moins propre à donner satisfaction à tous les besoins, il est cependant à même de rendre de très grands services.

Le pied est en fonte de fer, verni noir; il est droit, c'est-à-dire qu'il ne s'incline pas comme le précédent modèle ; le mouvement rapide se fait par le tirage du tube dans le canon, le mouvement lent par vis micro-

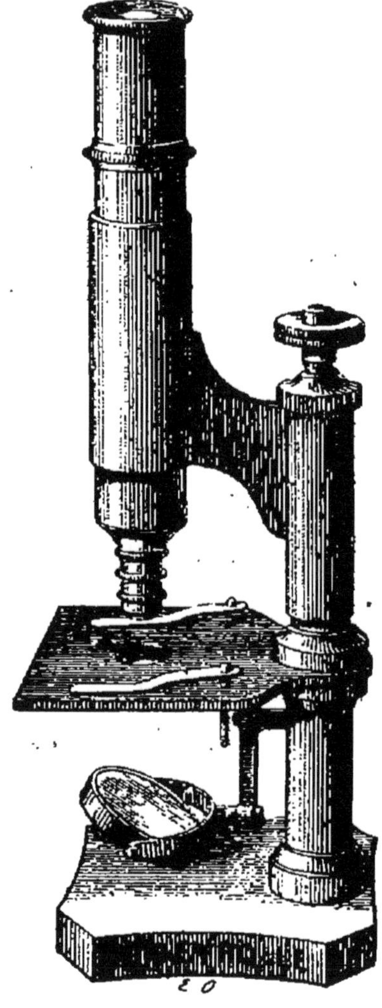

Fig. 9. — Microscope petit modèle.

métrique. La partie optique se compose d'un objectif 4 et d'un oculaire 2 ; système excellent pour l'étude des acariens.

Le microscope à inclinaison est principalement utile

lorsqu'on veut dessiner à la chambre claire. Tous ces modèles de microscopes possèdent un miroir pour l'éclairage des objets par transparence.

Nous ne nous étendrons pas davantage sur ces descriptions qui rentrent dans le domaine de la micrographie. Nous reportons le lecteur au traité élémentaire de micrographie, que nous avons rédigé tout spécialement à l'usage de l'enseignement primaire. On trouvera dans cet ouvrage toute l'histoire du microscope et de ses applications, c'est-à-dire les détails de construction des parties mécanique et optique de ces instruments de précision, les préparations microscopiques et la façon de les exécuter.

Les Myriapodes peuvent se conserver dans l'alcool ou à l'état sec; dans ce dernier état on les pique sur le second ou sur le troisième anneau. Les Myriapodes sont divisés en deux ordres bien distincts, les Chilognathes et les Chilopodes. Les Chilognathes vivent sous la terre dans les lieux sablonneux. Quelquefois leur corps écailleux se roule en boule, ou, dans les espèces allongées en spirales, comme celui des serpents. La plus grande partie de ces animaux se plaisent sur la lisière des bois, dans les feuilles sèches. Les Chilopodes courent très vite; ils sont carnassiers et habitent les lieux obscurs, sous les pierres, les vieilles écorces, dans le fumier, la terre et les détritus de végétaux.

Les Crustacés sont presque tous aquatiques; la plupart habitent la mer et se tiennent généralement sur les côtes; d'autres habitent les cours d'eau, quelques-uns se rencontrent dans l'intérieur des terres. Les espèces marines et fluviatiles se prennent soit à la main, soit au moyen de certains pièges; le suivant est souvent employé. On se procure un cercle de fer assez épais, et plus ou moins grand, suivant la grosseur des pièces qu'on cherche à récolter, et l'on y attache une poche de filet à mailles assez larges; sur une petite corde tendue au travers du cerceau du filet, on fixe un morceau de viande comme appât; on suspend le cerceau ainsi disposé par une ficelle, puis on l'enfonce dans l'eau. Les Crustacés sont attirés par l'appât du morceau de

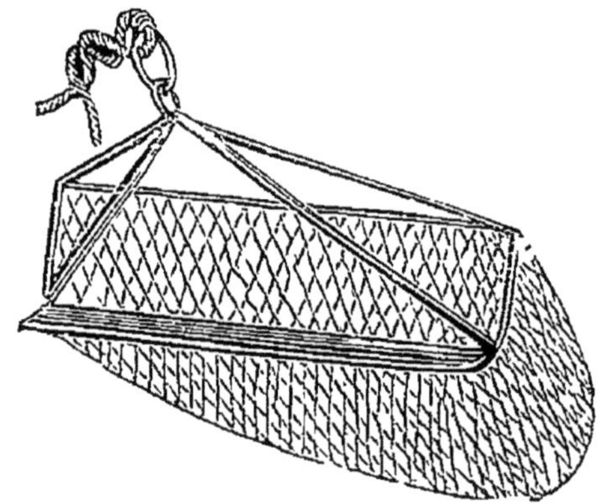

Fig. 10. — Drague.

chair; au bout d'un certain temps, il n'y a plus qu'à lever le filet et bon nombre de bêtes se trouvent prises. Pour recueillir les espèces marines, il est préférable de pêcher à la marée montante; pour les espèces fluviatiles, il faut choisir un endroit près d'un tas de pierres ou d'un groupe de racines. Ce système de poche est employé pour les espèces qui se pêchent sur les côtes; mais, pour celles qui vivent au large à de certaines profondeurs, il faut avoir recours à la drague (fig. 10) dont nous donnons ci-après la description. Cet instrument consiste en un cadre rectangulaire en fer; quatre chaînes sont attachées aux quatre angles du rectangle, les deux chaînes postérieures plus courtes que les antérieures : un filet en gros fil goudronné est attaché au cadre. Un anneau relie les quatre chaînes et c'est à cet anneau que l'on attache la corde de halage. La partie inférieure du filet qui doit traîner au fond est susceptible de se déchirer; on peut prendre la précaution de recouvrir cette partie, pour la protéger, d'un morceau de forte toile. Pour draguer on attache à l'anneau de halage une corde de longueur environ double de la profondeur de l'eau; si la corde est trop longue, la drague se remplit de sable, de galets; si elle est trop courte, elle ne touche pas le fond; dans ces deux cas le travail produit est absolument nul. L'extrémité de la corde qui reste dans le bateau doit être solidement amarrée; puis, lorsque la drague est à l'eau et qu'on a laissé filer la longueur de corde jugée nécessaire, on amarre avec un nœud pouvant se défaire facilement, pour permettre à la partie de la corde restée à bord de filer s'il arrivait qu'un obstacle imprévu accrochât la drague.

Certains Crustacés s'emparent d'une coquille de Mollusque pour leur servir de retraite ; le Bernard-l'Hermite, par exemple, a l'abdomen mou et ne peut résister au choc ; aussi se retire-t-il dans des coquilles de Mollusques gastéropodes; il ne présente hors de la coquille que la tête et les appendices. Il faudra toujours faire figurer dans les collections ces coquilles à côté de leur locataire.

Les Crustacés destinés à être montés et préparés à sec doivent être conservés vivants, autant que possible jusqu'au moment de la préparation. Si le temps ne le permet pas ou si le transport des pièces doit durer longtemps, il faut les conserver dans l'alcool ou dans tout autre liquide conservateur. Les petites espèces de Crustacés que l'on rencontre en grand nombre dans les eaux douces, les fontaines, les ruisseaux, sont très

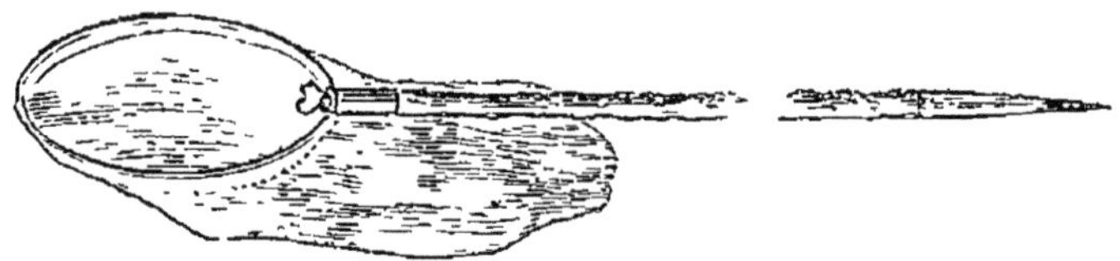

Fig. 11. — Filet troubleau.

délicates, leurs téguments sont assez mous; on pourra les pêcher soit avec le filet troubleau (fig. 11), dans les endroits où la place est suffisante pour l'emploi de cet instrument, soit avec le petit filet système Aubé dans

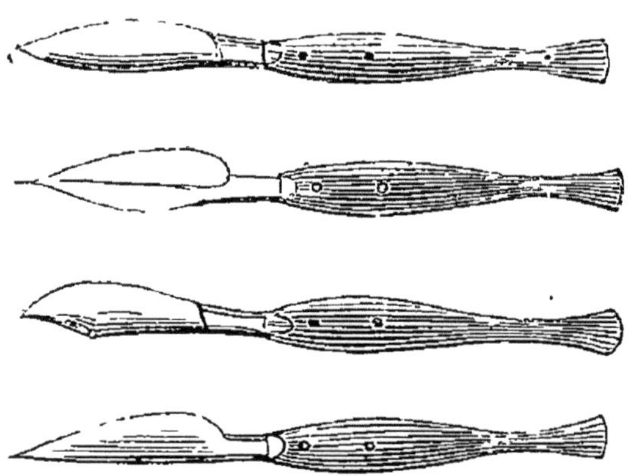

Fig. 12. — Scalpels, modèles courants.

les fontaines, ruisseaux, etc. Il faudra avoir soin de plonger les animaux dans l'alcool aussitôt leur capture faite. La préparation des grandes espèces de Crustacés consiste en une sorte de dépouillage de l'animal. Pour retirer les chairs, on sépare l'abdomen du corps du

Crustacé à l'aide de scalpels de formes diverses, suivant les besoins (fig. 12), et, par les deux larges ouvertures ainsi faites, on enlève les muscles, viscères, etc., à l'aide de pinces ou de crochets. Une fois toutes les parties bien nettoyées et ne contenant plus de chairs, on passe une forte couche de savon arsenical, et on emplit les cavités de filasse hachée. Les pinces des pattes antérieures sont souvent très volumineuses; on enlève la plus petite pièce de la pince en la désarticulant; et, par l'ouverture qu'elle a produite, on extrait les chairs contenues dans la grosse pièce à l'aide d'une curette; la petite pièce également nettoyée est ensuite mise en place et collée. Les espèces qui se logent dans les coquilles vides ont généralement l'abdomen mou; on les extrait de leur habitation, on les vide par l'abdomen en le fendant en dessous et, après les avoir enduites de préservatif et bourrées de coton, on les remet dans leur coquille.

Voici un procédé de préparation qui est peu employé parce qu'il est peu connu, mais qui donne d'excellents résultats, ainsi qu'on va pouvoir en juger. Wickersheimer, dit Capus, a préparé un liquide de sa composition, dont la formule est restée longtemps secrète, mais a été divulguée par suite d'une convention passée entre l'État et l'inventeur.

Voici la formule de cette liqueur :

Eau bouillante.................... ..	3000	grammes.
Alun................................	100	—
Chlorure de calcium.................	100	—
Nitrate de potasse..................	12	—
Potasse.............................	100	—
Acide arsénieux................	10	—

On laisse refroidir, puis on filtre. Le liquide doit être neutre, incolore et inodore. A 10 litres on ajoute alors

Glycérine	10 litres.
Alcool méthylique	1 —

La liqueur ainsi préparée, on fait macérer les Crustacés dans cette composition de six à quinze jours, suivant leur volume, puis on les retire et on les fait sécher à l'air. Les ligaments, les muscles restent alors à tout jamais mobiles; on peut faire exécuter aux animaux ainsi préparés tous leurs mouvements naturels.

CLASSE DES ARACHNIDES

ORDRES DES PYGNOGONIDES, DES ACARIENS, DES LINGUATULES

Nous ne traiterons de la classe des Arachnides que des Pygnogonides, des Acariens et des Linguatulides.

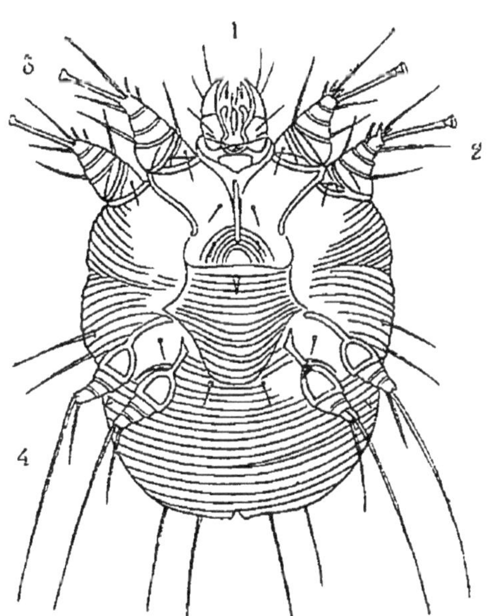

Fig. 13. — Acariens (*Sarcopte*) : 1, chélicères ; 2, pattes ; 3, ventouse ; 4, soie. (D'après Claus.)

Nous rappellerons que les Arachnides sont caractérisées par quatre paires de pattes et un abdomen apode ; chez les Araignées vraies la tête et le thorax sont confondus, l'abdomen est renflé, globuleux et sans divisions, et réuni au céphalothorax par un pédicule ; chez les Acariens l'abdomen est confondu avec le céphalothorax; chez les Linguatulides, le corps est vermiforme et est muni de deux paires de crochets placés à la partie antérieure à la place de membres.

Les Acariens (fig. 13) sont munis de pièces buccales pour mordre ou pour sucer. La région céphalique possède deux paires de membres qui fonctionnent comme pièces buccales; la première paire de ces appendices ou *Chélicères* (fig. 13, 1) forme avec l'article terminal et

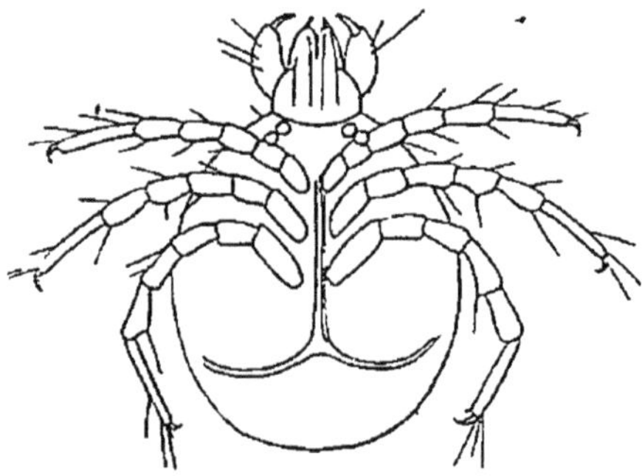

Fig. 14. — Larve d'acarien (*Hydrachna*). (D'après Claus.)

l'article précédent prolongé une pince didactyle, ou bien l'article terminal est simplement recourbé et forme une griffe. Les quatre paires de membres thoraciques sont des pattes ambulatoires; elles peuvent être conformées pour ramper, pour se cramponner, pour marcher ou pour nager; elles sont en général terminées par deux soies ou deux griffes, parfois aussi en même temps par une sorte de pelote vésiculeuse. Les Acariens ont les sexes séparés. Lorsqu'ils abandonnent l'œuf, ils sont presque toujours pourvus de trois paires de pattes ambulatoires (fig. 14) ou seulement de deux chez certaines espèces. A partir de ce moment ils revêtent des formes très différentes, subissent des métamorphoses liées à des mues et même souvent aussi une vie fort différente de celle de l'état adulte.

Certains Acariens occasionnent des maladies eczémateuses connues sous le nom de *Gales;* nous indiquons dans le paragraphe suivant les principales maladies occasionnées par ces parasites.

DIVISION PAR ORDRES

Aranéides..... (Cet ordre est traité dans la première partie de l'*Histoire naturelle de la France.*)

Pygnogonides.. Corps se prolongeant à l'extrémité antérieure en un rostre conique.

Acariens..... Corps ramassé, abdomen soudé au céphalothorax; pièces buccales disposées pour mordre ou pour sucer.

Linguatulides. Corps allongé, vermiforme, annelé.

LES ACARIENS

AU POINT DE VUE DE L'ÉCONOMIE DOMESTIQUE.

Les Acariens ont une grande tendance à la vie parasitaire; mais, parmi ceux vraiment parasites, il est nécessaire de faire une division : les parasites inoffensifs et les parasites dangereux ou pathogéniques.

Les Acariens sont commensaux, mutualistes ou parasites vrais ; dans un ouvrage de M. Van Beneden, le célèbre professeur de l'Université de Louvain, intitulé *Commensaux et Parasites*, et auquel nous emprunterons bon nombre de renseignements, l'auteur énumère les animaux qui vivent aux dépens d'autres animaux, et les partage en ces trois groupes que nous avons cités plus haut.

Le commensal ne vit pas aux dépens de son hôte; il

profite de ses restes; ainsi les Gamases, que l'on rencontre en grand nombre sur les Coléoptères bousiers, vivent des parties humides des bouses qui servent de nourriture à ces Coléoptères; ceux-ci ne sont que le véhicule de ces Acariens.

Les mutualistes ne sont ni commensaux ni parasites; ils vivent sur certains animaux, leur rendent service, en ne vivant exclusivement que des excrétions naturelles de ces animaux; ils enlèvent les débris cutanés qui encombrent leur hôte et ils y trouvent une abondante nourriture. Les Sarcoptides plumicoles chez les oiseaux et les Sarcoptides glyricoles chez certains rongeurs font partie de ce groupe des mutualistes.

Les parasites vrais, au contraire, vivent aux dépens de leur hôte, en un mot l'exploitent. C'est de ces derniers que nous allons nous occuper dans le présent chapitre et de leur action nocive.

Ce sont les Acariens psoriques qui causent les affections de la peau connues sous le nom de *Gales;* toutefois la famille des Gamasidés contient une espèce, occasionnant une affection, le plus souvent passagère, chez les Gallinacés, et la famille des Démodécidés renferme le genre unique *Demodex*, peu nuisible à l'homme, mais très dangereuse chez le chien. Nous reparlerons plus loin de ces espèces en leur lieu et place.

Nous passerons rapidement en revue les Acariens parasites de l'homme et des animaux domestiques et les maladies qu'ils occasionnent, et nous donnerons sommairement le traitement à suivre dans chacune des affections.

La Gale de l'homme est produite par le *Sarcoptes scabiei* (Voir plus haut, fig. 13); c'est une maladie particulière de la peau, essentiellement contagieuse. Cette affection a des symptômes définis et les traitements extérieurs suffisent pour la guérir. La maladie de la gale est tantôt générale, tantôt partielle ; la gale générale est la plus commune ; elle débute presque toujours par les mains et par les poignets et de là s'étend aux autres parties du corps. La contagion s'opère par le contact médiat ou immédiat. Cette maladie est sans trop grande gravité ; elle ne résiste pas à l'emploi des acaricides et disparaît graduellement. Il suffit de frictionner pendant 20 ou 25 minutes toute la surface du corps avec la pommade dite *d'Helmerich ;* le lendemain du jour de cette opération on prend un bain et tout est fini. Une forme extraordinaire de la gale fut signalée pour la première fois en 1848, à Christiania. Elle fut appelée *gale norwégienne ;* elle est produite par un acarien qui n'est pas une espèce différente du *Sarcoptes scabiei*, mais seulement une variété de celle de l'homme, qui vit sur les grands carnassiers, le loup en particulier, et dont les mœurs différentes expliquent la forme curieuse que revêt la gale norwégienne ; le traitement est absolument le même.

Le *Demodex folliculorum* habite exclusivement, chez l'homme, les follicules pileux des poils follets du visage et les glandes sébacées de la même région, particulièrement du nez et du front ; la variété du *Demodex* qui vit sur l'homme est très lente dans sa multiplication ; elle reste souvent stationnaire ; on trouve même chez certaines personnes des *Demodex* vivants, en petit nombre il est vrai, ne produisant pas de lésion apparente ; cette variété ne cause pas de démangeaison, ce qui la distingue des autres, de celle du chien par exemple.

Le chien nourrit plusieurs acariens parasites. Les Ixodes ou tiques sont de grands acariens qui s'attaquent aux chiens et même à l'homme. Ils plantent leur

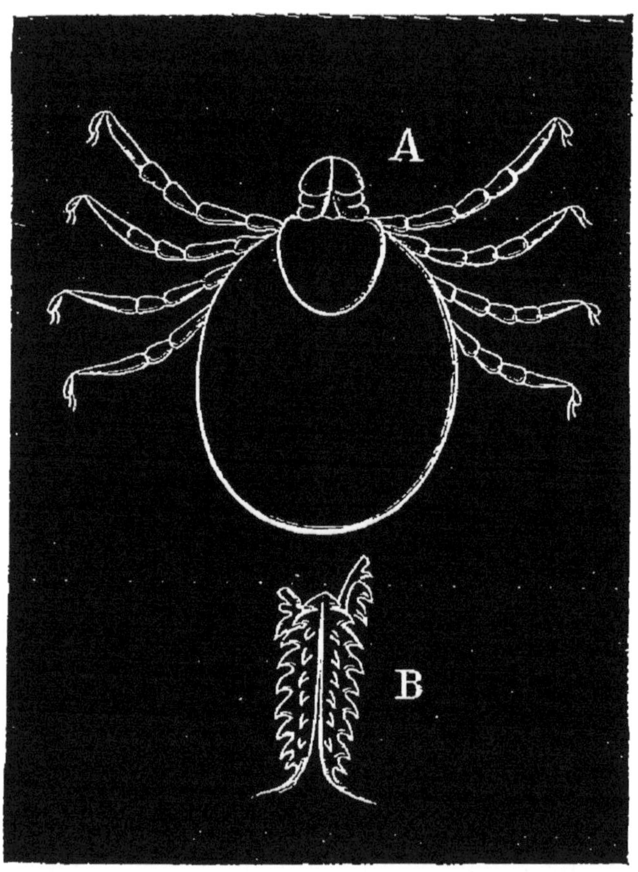

Fig. 15. — A, Ixode du chien; B, son bec barbelé.

bec barbelé et se gonflent du sang de leur victime; c'est toujours la femelle qui est occupée à sucer le sang, le mâle est libre et beaucoup plus petit. La piqûre de ces acariens n'est pas très sensible pour les chiens, cependant il est nécessaire de les débarrasser de ces parasites, qui, vu leur nombre, finiraient par épuiser l'animal. Il suffit de toucher l'acarien avec une goutte d'essence de térébenthine ou d'huile empyreumatique pour provoquer sa chute. En cherchant à arracher simplement l'ixode de la victime, on pourrait rompre le bec dans la plaie et occasionner dans la suite une suppuration douloureuse. Pour débarrasser les chenils infestés

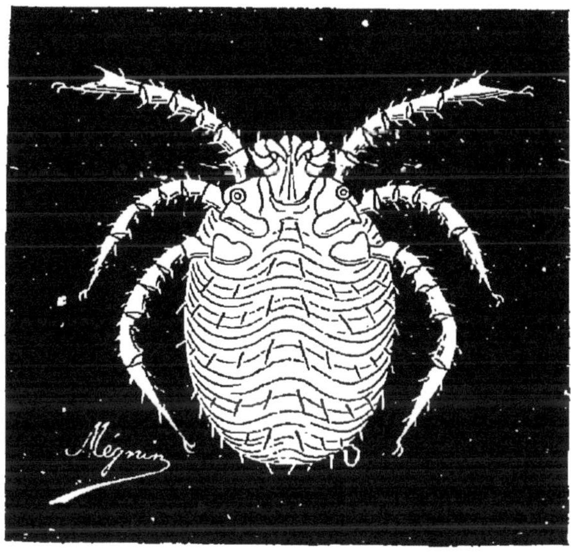

Fig. 16. — Rouget (larve du *Trombidium holosericeum*).

de ces parasites, il suffit d'échauder les chenils à l'eau bouillante, parois, plafond et sol.

Le rouget (fig. 16), qui est la larve du trombidion soyeux (*Trombidium holosericeum*), occasionne des démangeaisons très vives et brûlantes chez le chien et même chez l'homme. Quand on traverse les fourrés où ces acariens abondent, lorsqu'on s'étend sur l'herbe, on est souvent assailli par eux. C'est à la base des cheveux et des poils follets du corps chez l'homme que les rougets plantent leur rostre et se réunissent même souvent plusieurs au même point. Il n'est pas rare, chez le chien, de trouver ces parasites par douzaines à la base d'un poil. Pour les empêcher de se fixer sur le corps il suffit de se saupoudrer de fleur de soufre. Pour tuer rapidement ces Acariens, il faut toucher les parties qu'ils occupent avec un peu de benzine ou d'infusion de tabac; des lotions d'eau acidulée calment l'irritation qui persiste quelque temps encore.

La Gale folliculaire, peu dangereuse chez l'homme, comme nous l'avons vu, est la maladie de peau la plus grave du chien; elle est produite par un acarien d'une variété différente de celle de l'homme.

Le *Demodex* du chien habite indifféremment les follicules pileux de toute la surface du corps. La Gale folliculaire diffère essentiellement d'aspect suivant qu'elle est au début ou dans son plein. Dans le dictionnaire vétérinaire, publié par le journal *l'Acclimatation*, nous trouvons une description de la maladie, que nous reproduisons.

C'est une maladie de la peau, contagieuse, excessivement grave, déterminée par le *Demodex folliculorum*. Elle débute ordinairement aux paupières, aux lèvres, à l'extrémité des pattes; les poils deviennent clairsemés. tombent et la peau devient rouge et irrégulière. Mais peu à peu, les parties dénudées s'élargissent et l'on voit apparaître de petits boutons à sommet rouge et aigu qui se multiplient bientôt. La démangeaison augmentant, le chien se gratte continuellement et transporte le mal dans toutes les parties du corps. Le tégument plus ou moins complètement glabre présente une coloration foncée à nuances variables. Il est boutonneux dans certains points, excorié dans d'autres, ailleurs transformé en surface suppurante. Longtemps les malades conservent

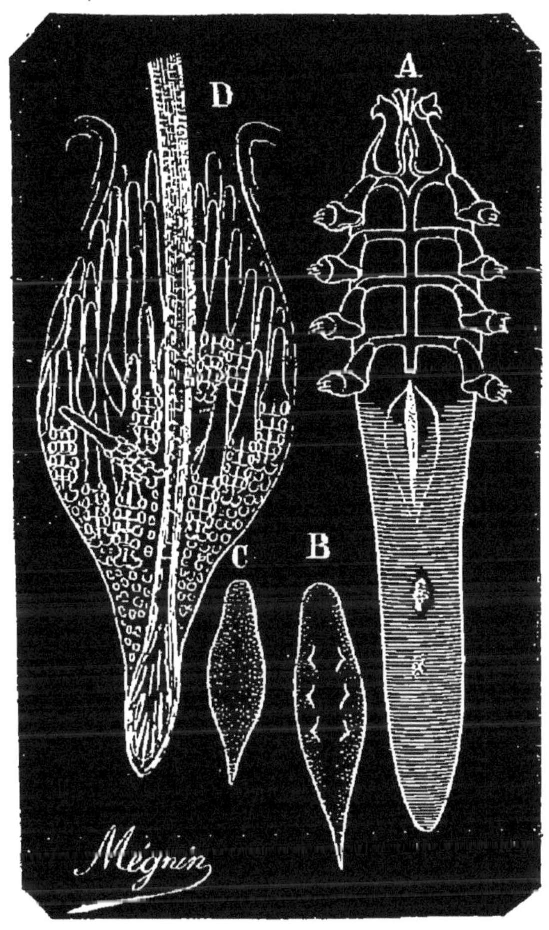

Fig. 17. — A, *Demodex folliculorum;* B, larve plus âgée; C, larve très jeune; D, *Demodex* à la base d'un poil.

l'appétit et la gaieté; mais l'insomnie permanente et l'épuisement amènent fatalement la mort.

Lorsqu'on s'aperçoit du mal à son début il est assez facile de l'arrêter; il suffit de faire sur les parties atteintes des frictions de pommade mercurielle. On doit employer peu de matière et frotter énergiquement avec les doigts, afin de la faire pénétrer profondément dans la peau.

Lorsque la maladie est très étendue il faut recourir aux grands bains de Barèges donnés soigneusement pendant trente à quarante jours consécutifs, puis de huit jours en huit jours pendant deux ou trois mois jusqu'à guérison complète.

Les chiens atteints de gale folliculaire doivent être isolés autant que possible; sans cette précaution, l'affection se communique facilement aux autres chiens.

La Gale sarcoptique du chien, produite par le *sarcoptes scabiei* variété *canis*, est assez rare. Le traitement consiste en frictions de pommade d'Helmeric.

Le *Chorioptes ecaudatus* (voir plus haut, fig. 1), que l'on rencontre dans l'intérieur de l'oreille du chien, occasionne une maladie connue sous le nom d'épilepsie contagieuse des chiens de meute; les titillations de centaines de parasites dans le fond de l'oreille produisent des accès épileptiformes. Des injections d'eau de Barèges artificielle, c'est-à-dire la dissolution de 1/20 de sulfure de potasse dans l'eau tiède est un traitement suffisamment énergique.

Le cheval peut nourrir trois espèces différentes d'acariens, déterminant chacun une gale différente. Le *Sarcoptes scabiei* variété *equi* occasionne une affection cutanée, prenant rapidement la forme eczémateuse. Des frictions de pommade soufrée dans la proportion de 200 grammes de soufre sublimé pour un kilogramme de graisse suffiront pour tuer tous les parasites.

Le *Psoroptes communis* variété *equi* produit une maladie caractérisée par une éruption de forme vésiculaire; la marche de cette gale est lente, mais toujours envahissante; la terminaison probable de cette affection serait la mort, si les soins n'étaient pas apportés; le même traitement de la gale sarcoptique peut être suivi dans la gale psoroptique.

Le *Chorioptes symbiotes* occasionne une gale peu contagieuse, affectant particulièrement les membres; même traitement que précédemment.

Le *Dermanyssus gallinæ*, qui habite en grande quantité les poulaillers et les pigeonniers, se répand quelquefois sur les chevaux quand le poulailler et l'écurie sont voisins; il détermine de vives démangeaisons et de petites dépilations lenticulaires; l'éloignement du pigeonnier ou de l'écurie fait cesser cette affection d'ailleurs passagère.

Les affections causées par les Acariens chez l'âne et le mulet paraissent avoir les mêmes auteurs que chez le cheval; le traitement sera donc identiquement le même.

Les maladies de peau occasionnées par les Acariens sont assez rares chez le bœuf, trois affections sont signalées: la gale sarcoptique, la gale psoroptique et la gale chorioptique; les deux dernières seules ont pu être sérieusement étudiées, aussi ne parlerons-nous que de celles-ci.

La gale psoroptique est produite par le *Psoroptes communis* variété *bovis;* la maladie a une grande analogie avec celle du cheval; la maigreur, la malpropreté des animaux sont une cause prédisposante de l'affection. Le traitement est le même que pour la gale du cheval. La gale Chorioptique du bœuf est produite par *Chorioptes symbiotes* var. *bovis;* le traitement est le même que celui précédemment indiqué. Au début la gale chorioptique du bœuf a une grande analogie avec un prurigo causé par un pou, le *Thichodectes scalaris;* l'examen microscopique permettra de reconnaître la nature de l'affection.

Les Ixodes attaquent quelquefois les bœufs dans les pâturages, principalement en Auvergne et dans le midi de la France.

Trois espèces d'Acariens s'attaquent au mouton; le plus fréquent est le *Psoroptes communis* var. *ovis.* Cette gale, considérée sur un animal isolé, n'est pas grave; mais dans les troupeaux la marche de la maladie est très rapide et par conséquent fort dangereuse. D'après les statistiques on constate que cette gale atteint un million de bêtes par an. Lorsque l'animal est isolé, les traitements déjà indiqués peuvent être employés; mais lorsque la maladie est générale, il faut avoir recours à des moyens généraux. On compose des bains acalins dans lesquel son fait passer tous les individus formant le troupeau. Voici la formule du bain généralement employé, et qui est due à Tessier :

Pour 100 litres d'eau on met :

Acide arsénieux..................	1000	grammes.
Protosulfate de fer....................	10000	—
Peroxyde de fer.....................	400	—
Poudre de gentiane.............. ...	200	—

Cette quantité est suffisante pour baigner 100 moutons. Le prix en est de 4 francs à peu près.

Le porc nourrit deux espèces d'Acariens qui produisent la gale sarcoptique du tronc et la gale sarcoptique des oreilles; ces maladies sont du reste assez rares. Les pommades à base de soufre et les bains alcalins sont suffisants pour guérir les animaux.

Chez le lapin nous rencontrons plusieurs espèces acariennes : un *Sarcoptes* et un *Psoroptes*, qui déterminent chacun une variété de gale; un *Listrophore*, qui vit au fond des poils, en suçant les sécrétions cutanées naturelles et en causant une légère démangeaison; un *Cheyletus*, qui vit également au fond des poils, mais en faisant la chasse aux Listrophores; c'est un parasite utile. Pour les gales sarcoptiques et psoroptiques, le jus de tabac doit être la base du traitement; au moyen d'un pinceau on peut toucher les parties malades.

On observe aussi chez le furet une gale, causée par des Sarcoptes, qui débute ordinairement par la tête, qui envahit progressivement tout le corps et persiste notamment aux pattes fort longtemps. La gale des oreilles occasionne aussi souvent une mortalité considérable chez le furet de même que chez les lapins. Le traitement à base de soufre viendra à bout de ces affections parasitaires.

Les maladies de peau provoquées par des acariens parasites chez les oiseaux domestiques sont assez fréquentes. Le *Dermanyssus Gallinæ* (fig. 18) dont nous parlions plus haut, qui pullule dans certains poulaillers et dans certaines volières, détermine ce qu'on appelle le prurigo dermanyssique. Ces Acariens, par leur grand nombre sur un oiseau, peuvent amener la mort, surtout chez les jeunes sujets; ce fait a été constaté plusieurs fois sur des poules et des faisans. Pour tuer l'acarien et par suite protéger les oiseaux, il suffit d'insuffler, dans les plumes et dans tous les nids du poulailler ou de la volière, de la poudre de pyrèthre du Caucase. Ces dermanysses se portent quelquefois sur l'homme et causent des démangeaisons désagréables en courant sur la peau.

L'*Argas reflexus* se fixe à la peau des pigeons au moyen de son bec, et suce le sang de l'oiseau ; on se

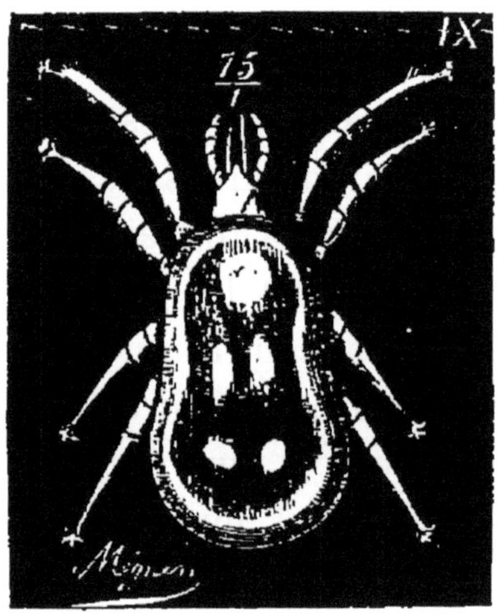

Fig. 18. — *Dermanyssus gallinæ.*

débarrassera de cet acarien au moyen de la poudre de pyrèthre, comme il est indiqué pour les dermanysses.

La gale des oiseaux domestiques est produite par le *Sarcoptes mutans* (fig. 19) et le *S. lævis ;* cette affection est très facile à guérir. La présence de tubérosités sur les pattes se désagrégeant facilement sous les doigts est un signe auquel on reconnaît l'existence de la gale. Le traitement en est simple : après avoir ramolli pendant quelques minutes, dans un bain d'eau tiède, les croûtes qui entourent les pattes, on les détache sans faire saigner; après quoi on badigeonne les membres avec une émulsion de benzine à la dose de 15 à 20 grammes dans un jaune d'œuf.

On trouve également dans le tissu cellulaire de certains oiseaux, les poules par exemple, des acariens sarcoptiques plumicoles, qui, à l'époque de la mue, pénètrent sous la peau par les ouvertures des follicules. Ces

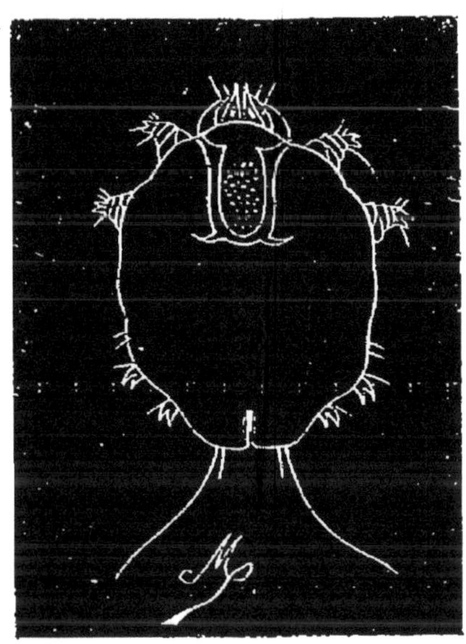

Fig. 19. — *Sarcoptes mutans.*

parasites n'influent pas sensiblement sur la santé des oiseaux. On rencontre aussi dans les sacs aériens une espèce d'acarien, le *Cytochylus nudus*, qui y vit en permanence, et principalement chez les poules, les faisans et les pigeons. Étant en petit nombre, ces parasites n'influent pas d'une manière sensible sur la santé des oiseaux, mais en grande quantité ils déterminent facilement la mort; en effet, ils se répandent dans les bronches et l'oiseau meurt par suffocation. Il n'y a malheureusement ni moyen commode de reconnaître la maladie, ni remède à y apporter.

Les Linguatules, longtemps rangés parmi les Crusta-

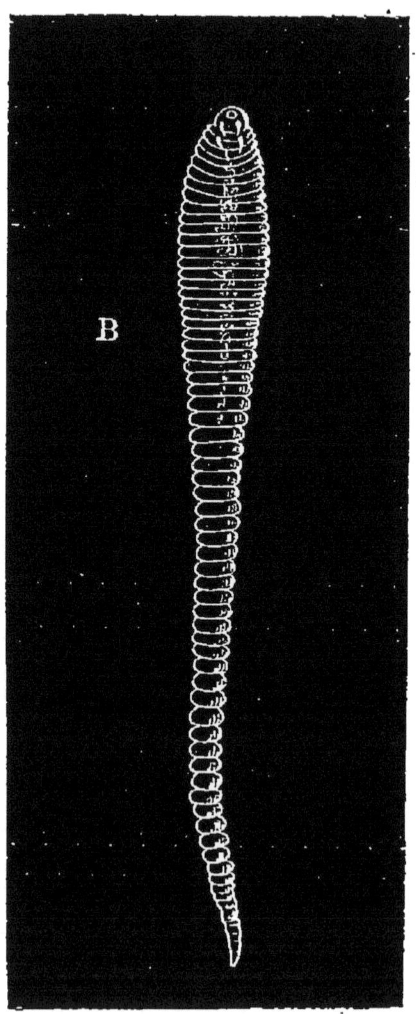

Fig. 20. — Pentastome.

cés et même parmi les Vers, sont généralement placés parmi les Acariens. Le *Pentastoma nioides* ou plutôt la larve se rencontre quelquefois, mais rarement, chez l'homme; c'est à la surface du foie qu'on a pu l'observer. Ce parasite paraît ne pas causer de trouble à l'individu qui le porte; il est inoffensif. Le Pentastome adulte a été trouvé chez le cheval, le mulet, le mouton, le chien, et à l'état de larve chez la chèvre, le mouton, le lapin, le chat, dans le foie, le poumon. Cet acarien habite généralement les cavités nasales des animaux, notamment chez le chien. Sa présence se traduit, dit Raillet, par des éternuements brusques, saccadés, irréguliers, souvent accompagnés de ronflements sonores et de la projection des pattes sur le nez.

Comme traitement on peut faire, dans le nez, des injections d'huile empyreumatique délayée dans du jaune d'œuf.

L'examen microscopique sera toujours indispensable pour les maladies de la peau, afin de déterminer d'une façon certaine si l'affection est de nature parasitaire ou de nature constitutionnelle.

ORDRE DES PYGNOGONIDES OU PANTOPODES

Les espèces de ce petit groupe furent rangées pendant longtemps parmi les Crustacés; on s'accorde généralement maintenant à les ranger entre les Aranéides et les Acariens. Ces animaux vivent dans la mer et rampent lentement au milieu des algues et des fucus; leur corps se prolonge en avant, en un rostre conique, à la base duquel s'élèvent des appendices en forme de pinces, correspondant aux Chélicères des Aranéides.

Les quatre paires de pattes, qui contiennent une partie des organes internes, sont armées de griffes. Les Pygnogonides vivent pendant leur jeune âge sur les Corynes, les Hydractinies et d'autres polypes; plus tard ils changent de domicile et fréquentent certains Mollusques.

Ils ont été divisés en plusieurs genres :

NYMPHON......	Pattes longues filiformes, dont la hanche est formée de 4 à 5 articles.
PHOXICHILIDIUM.	Pattes trois fois aussi longues que le corps.
PYGNOGONUM...	Pattes épaisses ne dépassant pas la longueur du corps.
AMMOTHEA.....	Griffes des pattes plus courtes que le rostre.

Genre Nymphon (*Fab.*), Nymphon.

Corps grêle, pattes très longues filiformes; griffes des pattes plus longues que le rostre. — *N. gracile* (Leach.), N. grêle, (pl. 1, fig. 1,) caractères du genre; pattes quatre fois aussi longues que le corps et cylindriques; océan Atlantique. — *N. femoratum* (Leach.), N. fémoral ; espèce assez voisine de la précédente et n'en différant que par la forme comprimée et dilatée des cuisses; Manche, océan Atlantique.

Genre Phoxichilidium (*Edw.*), Phoxichilidie.

Tête cylindrique, pattes trois fois aussi longues que le corps. — *P. coccineum* (Johst.), P. écarlate; longueur du corps, 3 millim. environ; Manche et mer du Nord. — *P. spinosum* (Mont.). P. épineux; corps grêle, tête cylindrique obtuse au bout; abdomen relevé et conique; longueur du corps, 4 millimètres environ; océan Atlantique.

Genre Pygnogonum (*Brünn.*), Pygnogone.

Pattes épaisses ne dépassant pas la longueur du

corps; corps trapu. — *P. littorale* (Strom.), P. littoral (pl. 1, fig. 2). Tête conique et dépassant le niveau du quatrième article des pattes de la première paire; thorax garni en dessous de quatre à cinq tubercules médians; longueur du corps, 5 millim. environ. Mers de France.

Cette espèce se rencontre sur les Ascidies et sur divers poissons.

Genre Ammothea (*Hodg.*), **Ammothée.**

Griffes des pattes beaucoup plus courtes que le rostre; palpe à huit articles. — *A. Pygnogonoides* (Quat.), A. pygnogonoïde; caractères du genre; océan Atlantique.

ORDRE DES ACARIENS OU MITES

Ce sont des animaux microscopiques, dont le corps est aplati en dessous et convexe en dessus; l'appareil buccal est composé d'organes propres à diviser et à sucer, et supporté par une lèvre inférieure résultant de la soudure des mâchoires et formant cuillier ou étui rapproché en forme de rostre saillant.

Aristote employait le nom d'ακαρι pour désigner un acarion qui semble être le ciron du fromage; c'est de ce mot grec que vient le mot *acarien*.

La fécondité des acares est énorme; Gerlach suppose un produit moyen de quinze individus, dix femelles et cinq mâles, dont l'âge adulte sonne vite, et qui, au bout de quinze jours ou de trois semaines, ont déjà la faculté de reproduire; il trouve que deux acariens, mâle et femelle, placés dans des conditions favorables à leur développement, ont au bout de quatre-vingt-dix jours 1 million et demi de descendants. Le tableau suivant en donne la démonstration :

Une 1re génération	après	15 jours	donne	10 femelles	5 mâles.
2e	—	30		100	50
3e	—	45		1.000	500
4e	—	60		10.000	5.000
5e	—	75		100.000	50.000
6e	—	90		1.000.000	500.000

DIVISION PAR FAMILLE ET PAR GENRES

FAMILLE DES BDELLIDÉS.

Un étranglement entre les deux paires de pattes antérieures; chélicères aplatis terminés par des griffes.

Bdella...... Palpes avec de longues soies rigides.
Scirus. .... Article terminal du palpe, dépourvu de soies, en forme de griffe.

FAMILLE DES ORIBATIDES.

Corps revêtu de téguments durs, cornés; pattes avec une ou plusieurs griffes.

Hoplophora. Pattes placées à la partie antérieure du corps.
Oribates.... Parties latérales du céphalothorax saillantes.
Nothrus. ... Parties latérales non saillantes.

FAMILLE DES HYDRACHNIDES.

Acariens aquatiques, corps globuleux ou allongé, couleurs vives; chélicères en forme de griffes ou de stylets.

Atax........ Chélicères en forme de griffes, rostre court.
Diplodontus. Chélicères avec une griffe bidentée.
Arrenurus. . Extrémité postérieure du corps allongée et rétrécie; chélicères avec des griffes.
Eylais...... Chélicères courtes. avec une griffe mobile.
Limnochares. Chélicères à article terminal tubulé.
Hydrachna.. Chélicères styliformes; corps arrondi.

FAMILLE DES TROMBIDIDES.

Corps mou, non divisé, coloré généralement de teintes vives; pattes longues, terminées par des griffes et des pelotes adhésives.

CHEYLETUS...... Pattes terminées par deux crochets portés sur un court pédoncule.

HARPIRHYNCHUS. . Pattes grosses, complètes antérieurement, les postérieures réduites à l'état de moignon.

MYOBIA......... Première paire de pattes formant une forte tenaille.

PICOBIA......... Les deux paires de pattes antérieures terminées par un crochet simple, les autres terminées par un crochet double accompagné d'un caroncule spatuliforme.

SPHÆROGYNA..... Pattes de la première paire seulement terminées par un crochet simple, les autres terminées par un crochet double accompagné d'un caroncule spatuliforme.

TETRANYCHUS.. . Les deux paires de pattes antérieures très éloignées des postérieures; rostre avec des crochets.

PACHYNATHUS.... Pattes antérieures plus longues que les autres: sixième article des pattes très long: septième très court.

RAPHIGNATHUS... Dernier article des pattes terminé par deux ongles rétractiles.

MEGAMERUS...... Corps etroit, palpes onguiculés, septième article de pattes, court.

RHYNCOLOPHUS... Pattes postérieures plus longues que les autres.

SMARIDIA........ Pattes antérieures plus longues que les autres: hanches très distantes.

ERYTHRÆUS. . .. Chélicères avec de longues griffes.

TROMBIDIUM...... Chélicères avec de courtes griffes.

FAMILLE DES IXODIDÉS.

Acariens assez gros; rostre allongé; pattes longues avec ou sans ventouses.

IXODES .... Pattes avec des ventouses et deux griffes.

ARGAS.......... Pattes sans ventouses.

FAMILLE DES GAMASIDÉS.

Pattes poilues terminées par des griffes et une ventouse.

Uropoda....... Plastrons soudés dépassant le corps latéralement.
Gamasus... .... Pattes antérieures plus longues que celles du milieu.
Dermanyssus... Corps mou, finement strié.
Pteroptus...... Corps plat; pattes grosses, les antérieures éloignées des postérieures, celles-ci tournées en dedans.

FAMILLE DES TYROGLYPHIDES.

Chélicères en forme de pinces, pattes assez longues terminées par des griffes.

Glyciphagus.... Corps ovoïde, pattes poilues, dernière paire de pattes plus longue.
Carpoglyphus... Pattes avec des poils et des piquants.
Tyroglyphus.... Pattes à torses cylindriques, à base élargie terminée par une caroncule vésiculeuse et un ongle courbé sans caroncule ni ventouse.
Phylostoma .... Article des pattes épineux.

FAMILLE DES SARCOPTIDES.

Pattes courtes, composées d'un petit nombre d'articles dont le dernier porte une ventouse pédiculée ou une longue soie.

SOUS-FAMILLE DES SARCOPTIDES PLUMICOLES.

Acariens vivant sur le corps des oiseaux au fond des plumes, des matières excrétées par la peau; ne causent pas de dommages aux téguments.

Pterolichus.... Dépression latérale peu profonde entre la deuxième et la troisième paire de pattes; au devant de cette patte un long poil latéral avec un autre ou un piquant.
Pteronyssus.... Dépression très marquée entre la deuxième et la troisième paire de pattes.
Analges....... Petite dépression sur les flancs entre la deuxième et la troisième paire de pattes; poil du tarse des pattes rigide.
Proctophyllodes. Corps allongé, presque quadrilatère, à flancs presque droits.

Pterophagus. . Corps creusé d'un sillon transversal.
Dermoglyphus. Corps cylindrique vermiforme à extrémités arrondies.

SOUS-FAMILLE DES SARCOPTIDES CYSTICOLES.

Acariens vivant dans le tissu cellulaire et les réservoirs aériens des oiseaux.

Laminisioptes.. Corps finement strié, creusé d'un sillon transversal circulaire.
Cytoleichus... Corps large sans sillon transversal, pattes fortes, coniques.

SOUS-FAMILLE DES SARCOPTIDES GLIRICOLES.

Acariens vivant au fond des poils des rongeurs, sans causer de dommages au tégument externe.

Listrophorus.. Lèvre très développée composée de deux parties, formant pinces.
Myocoptes. ... Corps déprimé, élargi, pattes longues à cinq articles.

SOUS-FAMILLE DES SARCOPTIDES PSORIQUES.

Acariens qui déchirent les téguments pour attirer par leur venin les humeurs dont ils vivent; causent beaucoup de dommages.

Sarcoptes..... Pattes courtes, coniques, pourvues de crochets et d'une ventouse à pédoncule d'une seule pièce.
Psoroptes..... Pattes pourvues d'une ventouse à petit crochet centrale et à pédoncule triarticulé.
Chorioptes.... Pattes avec une grosse ventouse courtement pédiculée.

FAMILLE DES DÉMODÉCIDÉS.

Corps vermiforme, abdomen allongé et annelé.

Demodex...... Caractères de la famille.

FAMILLE DES BDELLIDÉS.

Corps allongé, rostre nettement séparé du reste du corps; un étranglement entre les deux paires de pattes antérieures; chélicères aplaties terminées par des griffes; pattes ambulatoires puissantes, terminées par deux griffes.

Les espèces de cette famille rampent sur le sol humide; leurs mouvements sont lents; ils peuvent marcher à reculons.

Genre **Bdella** (*Lat.*), **Bdelle**.

Palpes antenniformes avec de longues soies rigides, article terminal large; d'ordinaire quatre yeux. — *B. vulgaris* (Dug.), B. commun; d'un rouge écarlate avec les pieds plus pâles; le suçoir est en forme de bec allongé et pointu; palpes antenniformes terminés par deux soies; se trouve sous les pierres. — On peut aussi signaler le *B. cœrulipes* (B. à pieds bleus), qui a le corps rougeâtre et les pieds bleus; l'habitat est le même.

Genre **Scirus** (*Herm.*), **Scire**.

Article terminal du palpe acuminé, dépourvu de soies, à extrémité en forme de griffe. — *S. claphus* (Dug.); corps d'un rouge carmin à reflets variés; caractères du genre. Cette espèce se trouve sous les pierres, dans les lieux humides.

FAMILLE DES ORIBATIDES.

Corps revêtu de téguments durs, cornés, présentant souvent sur le dos des appendices latéraux aliformes; chélicères rétractiles; pattes avec une ou plusieurs griffes.

Les espèces de cette famille sont petites, de couleurs variées, et se trouvent le plus souvent sur la terre et quelquefois dans les eaux. Ces acariens semblent être tous phytophages; ils ne sont pas parasites d'animaux et sont eux-mêmes attaqués souvent par certains acariens, les Dermanysses entre autres.

Genre Hoplophora (*Koch.*), **Hoplophore.**

Corps avec un bouclier antérieur mobile, un grand bouclier dorsal et un bouclier ventral ; pattes placées à la partie antérieure du corps et recouvertes par le bouclier antérieur. — *H. contractilis* (Clap.), H. contractile ; caractères du genre. Cette espèce s'enfonce dans le bois de pin pourri.

Genre Oribates (*Lat.*), **Oribate.**

Les parties latérales du céphalothorax saillantes ; corps couvert d'une peau ferme et coriace. — *O. clavipes* (Dug.), O. à pieds creux (pl. 1, fig. 3) : corps sphérique, noir luisant ; sur le dos se trouve une série de soies circulaires ; les pattes sont plus longues que le corps, et garnies de soies. Se trouve sous les mousses. — *O. dasypus* (Dug.), O. tatou ; corps d'un brun châtain très lisse, arrondi, plus large en arrière qu'en avant ; les pattes sont courtes et terminées par un seul crochet très recourbé. Même habitat.

Genre Nothrus (*Kock.*), **Nothre.**

Ce genre se distingue du précédent par l'absence d'ailes latérales au céphalothorax. — *N. castaneus* (Herm.), N. brun, caractères du genre ; chaque patte terminée par de grands ongles crochus. — *N. ovalis* (Kock.), O. ovale ; corps ovale, convexe, noir brillant ; pattes testacées. — *N. orbicularis* (Kock), N. orbiculaire ; corps noir, avec l'abdomen circulaire, et une petite tache rouge à la partie antérieure; pattes ferrugineuses.

FAMILLE DES HYDRACHNIDES.

Acariens aquatiques; corps globuleux ou allongé, à couleurs souvent vives, muni de deux ou quatre yeux et de chélicères en forme de griffes ou de stylets ; pattes natatoires longues à article de la hanche large et généralement munies de soies dont la longueur augmente d'arrière en avant.

Les Hydrachnides sont presque tous fluviatiles; quelques-uns sont cependant marins: parmi les espèces fluviatiles, certaines se rencontrent sur les plantes aquatiques ; beaucoup vivent librement au milieu des eaux et se nourrissent d'animaux microscopiques ou de végétaux. On trouve de ces acariens entre les lames branchiales des Anodontes, mollusques bivalves.

Genre Atax (*Herm.*), **Atax.**

Rostre court; chélicères en forme de griffes; deuxième article de la première paire de pattes avec des crochets et une soie rigide. Les espèces de ce genre vivent en partie parasites sur les lamellibranches. — *A. histrionicus* (Dug.), A. histrion (pl. 1, fig. 4); corps généralement d'un beau rouge vif nuancé de noir; quatrième paire de pattes plus longue que les autres et se terminant en une pointe obtuse. — *A. lutescens* (Dug.), A. jaunâtre; corps transparent et lisse; pattes bleuâtres ou verdâtres. — *A. runicus* (Dug.), A. runique; abdomen d'un rouge vif, parsemé de taches et de stries noires; dessous du corps également rouge. —

A. falcatus (Koch.), A. en forme de faulx; corps jaunâtre, avec des taches noires, la médiane plus grande et carrée; pieds verts. — *A. vernalis* (Mull.), A. vernal; corps d'un jaune verdâtre avec des taches noires, la médiane arrondie. — *A. elegans* (Koch.), A. élégant; corps jaunâtre, avec des taches noires; pattes de couleur verte. — *A. pictus* (Koch.), A. peint; corps de couleur blanche, avec des taches ovales d'un noir brun, la médiane grande et arrondie. — *A. hyalinus* (Koch.), A. hyalin; corps ovale, transparent, avec des taches noires, la médiane longue et étroite; pattes d'un roux clair, brunes à la base. — *A. crassipes* (Mull.), A. gros pieds; ovale, couleur blanche avec des taches noires, les antérieures plus petites; pieds antérieurs blancs, les autres verts. — *A. albidus* (Mull.), A. blanc; corps ovale, d'un blanc diaphane, avec des taches noires, la médiane allongée; les latérales obliques et étroites.

Genre Diplodontus (*Dug.*), Diplodonte.

Palpes grêles et terminés par une pince; chélicères avec une longue griffe bidentée; rostre court; corps déprimé. — *D. filipes* (Dug.), D. à pieds minces; corps elliptique, de couleur rouge clair, parfois marbré de brun foncé; peau finement granulée. — *D. fallax* (Dug.), D. trompeur; espèce voisine de l'espèce précédente, qui s'en distingue par la couleur plus foncée de son corps et sa forme plus elliptique; pattes plus grosses. — *D. scapularis* (Dug.), D. scapulaire (pl. 1, fig. 5); dessus du corps noir dans sa moitié antérieure et d'un rouge vif dans sa moitié postérieure; en dessous d'un rouge violacé; peau finement granulée.

Genre Arrenurus (*Dug.*), Arrenure.

Palpes courts, en massue, extrémité postérieure du corps allongée et rétrécie. — *A. viridis* (Dug.), A. vert (pl. 1, fig. 6); corps vert bleuâtre ; caractères du genre. — *A. pustulator* (Mull.), A. à pustules ; corps de couleur vermillon, anguleux antérieurement ; pieds testacés. — *A. tricuspidator* (Mull.), A. tricuspide; corps de couleur rouge vif; les pieds et les palpes sont plus pâles, légèrement sillonnés antérieurement. — *A. caudatus* (Deger), A. à queue (pl. 1, fig. 7); couleur verdâtre ; corps plus étroit postérieurement; trois taches de chaque côté plus obscures.

Genre Eylais (*Lat.*), Eylais.

Corps aplati; rostre court; chélicères courtes avec une griffe terminale mobile; pattes longues et grêles, la quatrième dépourvue de soies. — *E. extendens* (Mull.), E. allongé (pl. 1, fig. 8) ; corps d'un rouge vif, quelquefois marbré de brun ; corps ovale et aplati ; la longueur des pattes augmente graduellement depuis la première paire jusqu'à la quatrième. — *E. chrysis* (Theis), E. vert doré ; abdomen ovale, allongé, d'un vert doré, métallique ; le dessous du corps et les pattes sont d'un rouge vif, et cette couleur s'étend en dessus sur les côtés de l'abdomen ; la quatrième paire de pattes est la plus longue.

Genre Limnochares (*Lat.*), Limnochare.

Palpes à peine plus longs que le rostre conique ; chélicères à article terminal tubulé; rampent avec leurs pattes ambulatoires au fond des eaux stagnantes. Les espèces de ce genre vivent à l'état de larves sur les *Gerris* et les *Hydrometra* (Hémiptères). — *L. aquaticus* (L.), L. aquatique; corps ovoïde, d'un rouge terne chez les sujets âgés et d'un rouge vif chez les jeunes sujets; couvert de petites granulations transparentes.

Genre Hydrachna (*Mull.*), Hydrachne.

Lèvre inférieure allongée en un rostre; chélicères styliformes; yeux très écartés; corps arrondi. Vit à l'état de larve sur les *Nèpes* (Hémiptères). — *H. globosa* (Mull.), H. arrondie (pl. 1, fig. 9); corps ovoïde, d'un rouge vineux tirant parfois sur le brun marron. — *H. geographica* (Lat.), H. géographique; corps ayant sur le dos quatre taches et quatre points rouges; pattes noires, velues et plus courtes que le corps.

FAMILLE DES TROMBIDIDES

Corps mou, coloré de teintes très vives, en général non divisé en régions distinctes : chélicères styliformes et terminées par une griffe, rarement en forme de pinces; pattes longues, lourdes, conformées pour marcher, terminées par des griffes et des pelotes adhésives; courent sur le sol ou sur les plantes; les larves ont six pattes et sont parasites sur les végétaux ou sur les animaux (insectes).

Genre Cheyletus (*Latr.*), Cheylète.

Corps ovale et aplati de dessus en dessous, à téguments mous, finement striés; rostre grand; pattes allongées et grêles terminées par deux crochets simples, portés sur un court pédoncule. — *C. eruditus* (Latr.), C. érudit (pl. 1, fig. 11); caractères du genre, espèce vagabonde. — *C. parisitivorax* (Még.), C. parasitivorace (pl. 1, fig. 10); corps hexagonal, allongé, de couleur jaunâtre, pâle; rostre large, pentagonal; pattes antérieures plus courtes que les postérieures; vit dans le fond des poils du lapin, où il attaque les parasites mous, comme les *Listrophorus*. — *C. heteropalpus* (Még.), C. hétéropalpe; corps rhomboïdal, allongé d'avant en arrière; rostre conique, étroit, allongé en avant; pattes antérieures et postérieures à peu près égales, terminées par deux crochets fortement coudés. Vit au fond des plumes de plusieurs oiseaux de la famille des Colombidées et de celles des Passereaux (petites espèces).

Genre Harpirhynchus (*Még.*), Harpirhynque.

Corps à téguments mous, finement striés; rostre conique; pattes grosses, courtes, complètes antérieurement, réduites à l'état de moignons postérieurement. — *H. nidulans* (Nitsch.), H. nichant (pl. 1, fig. 12); corps aplati de dessus en dessous; pattes portant un poil à chaque article; vit au fond des plumes de divers oiseaux : alouette, gros-bec, vanneaux, pigeons, etc.

Genre Myobia (*Heyden*), Myobie.

Corps allongé, aplati de dessus en dessous, à téguments mous; rostre petit; les trois paires postérieures de pattes minces, grêles et allongées; première paire de pattes formant une forte tenaille. — *M. musculi* (Schranck), M. de la souris (pl. 1, fig. 13); corps ovale allongé, ayant en dessus de nombreuses paires de soies coniques; couleur jaunâtre, plus intense au centre du corps. Vit sur la souris domestique et exclusivement dans les régions de la tête.

Genre Picobia (*G. Hall.*), **Picobie.**

Corps allongé, cylindroïde, à téguments mous et portant de longues soies disposées par paires; rostre moyen; les deux paires de pattes antérieures courtes et fortes, et terminées par un crochet fourchu; les deux paires de pattes postérieures grêles et cylindriques. — *P. Heeri* (G. Hall.), P. de Heer (pl. 1, fig. 14); caractères du genre. A été rencontré dans le tissu cellulaire sous-cutané d'un pic.

Nous placerons ici un nouveau genre et une nouvelle espèce de Cheylétides dont MM. Laboulbène et Mégnin ont récemment donné la description, la *Sphærogyna ventricosa*. Les pattes sont réparties en deux groupes, composées chacune de cinq articles et terminées par des crochets, simples dans la première paire et doubles dans les autres, où ils sont accompagnés d'une caroncule spatuliforme. Cet Acarien peut être considéré comme un articulé utile; en effet, il a été reconnu qu'il s'attaquait à la nymphe d'un Coléoptère nuisible, le *Corœbus rubi*, dont la larve perfore le bois de chêne. De plus on a rencontré cet Acarien sur une larve de *Monodontomerus*, parasite elle-même d'une abeille du genre *Antophora*; il rend à cet Hyménoptère le service de le débarrasser de ce parasite. C'est à M. Mégnin que nous empruntons ces détails, ainsi que ceux qui vont suivre. En 1868, M. Lichtenstein, de Montpellier, avait vu cette *Sphærogyna* envahir ses cages d'élevage d'insectes, faire avorter toutes ses éducations et, pendant six mois, apporter la plus grande perturbation dans ses études entomologiques en tuant tous ses sujets. M. Litchtenstein l'avait provisoirement nommé *Physogaster larvarum*. Mais, ce en quoi surtout cet Acarien est éminemment utile, c'est qu'il fait une chasse des plus actives aux larves de la teigne des blés (*Tinea cerealis*) et en fait un grand carnage. Mais, quand il n'a plus de proie à dévorer, il se jette sur les gens occupés à manier le blé qui a été teigneux, et par ses morsures occasionne des démangeaisons fort désagréables, mais heureusement sans longue durée.

La *Sphærogyna* est remarquable par la rapidité avec laquelle elle se développe et se multiplie ; la femelle a un abdomen énorme, qui a centuplé de volume, bourré d'œufs et d'embryons qui sont nourris et qui se développent au moyen des sucs des victimes aspirés par la mère. Ces embryons deviennent les uns des mâles, les autres des femelles, qui sont adultes en sortant de la mère et qui se fécondent immédiatement sans passer ouvertement par les phases larvaires et nymphéales.

Genre Tetranychus (*L. Duf.*), **Tetranyque.**

Corps ovalaire, rostre avec des crochets en hameçon, chélicères styliformes, les deux paires postérieures de pattes très éloignées des antérieures. — *T. lintearius* (L. Duf.), T. voilé ; corps plus étroit en arrière qu'en avant ; pattes peu longues, même les antérieures. Vit sur le tilleul, le rosier, le sureau, etc. — *T. prunicolor* (Dug.), T. couleur de prune ; corps un peu plus grand que dans l'espèce précédente ; corps allongé ; couleur brun violet uniforme, avec les pieds pâles; deux rangs de poils sur le dos; pattes plus longues que dans l'espèce précédente. Vit sous les feuilles du poirier, du pommier. — *T. cristatus* (Dug.), T. à crête; pieds plus grêles que dans l'espèce précédente; corps ellipsoïde, un peu atténué en arrière, relevé en crête tout autour du dos; couleur d'un brun noirâtre nuancé de rouge sale. Vit sous les pierres ou sur les végétaux. — *T. caudatus* (Dug.), T. à queue; corps allongé, rétréci en arrière; couleur jaune orangé; pattes d'un jaune pâle; partie postérieure du corps ayant quatre soies courtes lui formant une sorte de queue. — *T. tenuipes* (Dug.), T. à pieds grêles; espèce voisine de la précédente; mais les pattes sont plus grêles encore, dans les mêmes proportions. — *T. major* (Dug.), T. grand (pl. 1, fig. 15); dos plat, strié transversalement et hérissé de quelques soies; pattes rouges; tache au milieu du dos; les pattes antérieures sont plus longues que les autres. — *T. urticæ* (Koch), T. de l'ortie; corps blanc, avec une tache noire de chaque côté; carrée postérieurement et striée de blanc obliquement. — *T. ulmi* (Koch.), T. de l'orme; corps allongé et hérissé d'épines brunes; couleur ferrugineuse, pattes blanchâtres.

Genre Pachygnathus (*Dug.*), Pachygnathe.

Corps atténué antérieurement; pattes antérieures plus longues et plus épaisses que les autres. — *P. villosus* (Dug.), P. velu (pl. 1, fig. 16); corps de couleur roussâtre; pattes hérissées de poils courts et raides; pattes antérieures plus fortes que les autres. Cette espèce se rencontre communément sous les pierres humides.

Genre Raphignathus (*Dug.*), **Raphignathe.**

Pattes antérieures plus longues que les autres; le dernier article est le plus long; corps ovale, aplati et presque sans poils. — *R. ruberrimus* (Dug.), R. rouge; corps d'un beau rouge; dernier article des pattes un peu plus mince que ceux qui le précèdent, garni de poils couchés et terminés par deux ongles rétractiles.

Genre Megamerus (*Dug.*), **Mégamère.**

Corps étroit, palpes onguiculés. Les espèces de ce genre courent avec rapidité et sautent quelquefois; quelques-unes sont carnivores. — *M. longipes* (Dug.), M. à pieds longs; abdomen rougeâtre, pâle inférieurement et sur les côtés. — *M. inflatus* (Dug.), M. enflé; pattes antérieures démesurément longues, grêles, et de couleur blanchâtre. — *M. ovalis* (Dug.), M. ovale; corps noir avec un mélange variable de rouge vif; pattes et dos rouges; pattes antérieures ne dépassant que peu la longueur du corps. — *M. castaneus* (Dug.), M. marron; corps brun, pattes rouges; cette espèce, voisine de la précédente, en diffère par la rareté des poils qui sont sur le corps. — *M. celer* (Herm.), M. rapide (pl. 1, fig. 17); corps d'un gris jaunâtre; trois longues soies à la partie postérieure du corps. — *M. fallax* (Dug.), M. trompeur; corps d'un noir velouté, avec une tache blanche sur le dos; pattes rouges.

Genre Rhyncolophus (*Degeer.*), **Rhyncolophe.**

Pieds postérieurs plus longs que les autres; palpes longs. — *R. Degeeri* (Deg.); R. de Degéer; corps ovale, rouge, plus clair le long du dos et garni de poils noirs assez longs; pattes rouges et couvertes de poils noirs. Vit sous les écorces des bois. — *R. cinereus* (Deg.), R. cendré; corps presque quadrilatère, un peu moins large en arrière; pattes munies de deux griffes rétractiles. Vit dans les fossés herbeux. — *R. rubescens* (Deg.), R. rougeâtre; espèce voisine de la précédente; pattes un peu moins longues, rouges. — *R. nemorum* (Koch.), R. des bois; corps plus long que large; couleur d'un rouge obscur; pattes jaunes.

Genre Smaridia (*Latr.*), Smaridie.

Corps atténué à sa partie antérieure; pattes palpiformes, antérieures plus longues que les autres. — *S. papillosa* (Herm.), S. à papilles; corps allongé, couvert de grains durs et noirâtres; pattes antérieures à peu près aussi longues que le corps; couleur d'un rouge roussâtre, quelquefois avec une ligne longitudinale plus claire. Vit dans les endroits ombragés, sur le bord des rivières. — *S. villosa* (Deg.), S. velue; corps d'un rouge vif; corps et pattes couverts de poils longs et aplatis.

Genre Erythræus (*Latr.*), Erythrée.

Chélicères avec de longues griffes en forme de sabre recourbé; pattes longues, surtout les dernières. — *E. ruricola* (Dug.), E. campagnard (pl. 2, fig. 1); corps d'un rouge carmin, quelquefois noirâtre vers le milieu du corps; pattes incolores, mais chaque article, excepté ceux qui avoisinent le corps, marqué d'une tache rouge très vive. Vit sous les pierres. — *E. flavus* (Dug.), E. jaune; corps jaune, hérissé sur le dos de poils rares mais longs;

pieds plus pâles. — *E. ignipes* (Dug.), E. à pieds couleur de feu : espèce voisine de la précédente, mais ayant le corps plus trapu et les membres plus courts. Vit dans les herbes dans les endroits exposés au soleil. — *E. cornigerus* (Herm.), E. à cornes; corps d'un rouge cerise; un peu déprimée ; pattes couvertes de poils couchés.

Genre Trombidium (*Latr.*), Trombidion.

Chélicères armées de courtes griffes ; surface du corps veloutée ; pattes ambulatoires longues, terminées par deux griffes et deux appendices sétacés. Les larves sont parasites sur les animaux, les insectes et les araignées. — *T. fuliginosum* (Dug.), T. fuligineux ; corps d'un beau rouge orangé, corps ovalaire et renflé. — *T. holosericeum* (Lin.), T. soyeux (pl. 2, fig. 2); corps d'un rouge couleur de sang. La larve hexapode de cet Acarien est connue sous le nom de *rouget* (voir plus haut, fig. 16). Elle s'attache aux Mammifères et particulièrement aux chiens et à l'homme.

FAMILLE DES IXODIDÉS.

Acariens en général assez gros, aplatis, à pièces buccales disposées pour piquer et pour sucer le sang ; rostre allongé, pattes longues multiarticulées et terminées par deux crochets, parfois en même temps par une ventouse.

Genre Ixodes (*Latr.*), Ixode.

Corps ovalaire ou trapézoïdal, allongé ou élargi ; pattes avec des ventouses et deux griffes. Les espèces de ce genre vivent en liberté sur les végétaux, principalement sur les bords des bois; les larves et les femelles vivent en parasites sur les Reptiles et les Vertébrés à sang chaud. — *I. Ægyptius* (Aud.), I. d'Égypte (pl. 2, fig. 3); rostre saillant : pattes subégales à hanches ovalaires, excepté la première paire, qui est bifide; vit sur les bœufs. — *I. Dugesii* (Ger.), I. de Dugès; rostre petit et peu saillant ; pattes à six articles uniformément bruns. Vit sur les bœufs et sur les moutons. — *I. reduvius* (de Geer), I. réduve ; rostre grand, saillant ; pattes à six articles, à hanches ovalaires rectangulaires, articles bruns. Même habitat que l'espèce précédente. — *I. ricinus* (Linn.), I. ricin ; la femelle diffère beaucoup du mâle; celui-ci a le corps arrondi, plat inférieurement, légèrement bombé supérieurement, où il est recouvert par un écusson de couleur brune ; la femelle a le corps ovale, rouge, jaunâtre ; dans les deux sexes, les pattes sont grêles. Vit sur les chiens, les bœufs et les moutons. — *I. longipes* (Néeg), I. à longues pattes ; pattes grêles. Vit sur les chauves-souris.

Genre Argas (*Latr.*), **Argas.**

Corps ovale en forme de bouche : pattes dépourvues de ventouses. — *A. reflexus* (Latr.). A. réfléchi (pl. 2, fig. 4); caractères du genre ; pattes à six articles. Habite les colombiers, et se répand en quantité sur les pigeons. Cette espèce se rencontre accidentellement sur l'homme.

FAMILLE DES GAMASIDÉS.

Les espèces de cette famille sont parasites chez les Insectes, les Oiseaux et les Mammifères ; chélicères en forme de pinces, pattes poilues terminées par des griffes et une ventouse vésiculaire.

Genre Uropoda (*de Geer*), Uropode.

Plastrons dépassant le corps, latéralement et intimement soudés. — *U. vegetans* (de Geer) (pl. 2, fig. 5), U. végétant ; corps plat en dessous, bombé en dessus, ovalaire ; couleur jaune foncé. Vit pendant l'été sur le sol des bois sablonneux ; les nymphes vivent sur les staphylins (Coléoptères). — *U. scutulata* (Még.), U. scutulé ; corps plat en dessous, bombé en dessus ; couleur rouge sang chez les femelles, plus pâle chez les mâles. Vit dans les amas de feuilles mortes ; les nymphes vivent sur divers Coléoptères. — *U. cassidea* (Herm.), U. casside ; espèce voisine de la précédente ; couleur rouge jaunâtre. Vit dans le fumier décomposé ; nymphe, même habitat.

Genre Gamasus (*Latr.*), Gamase.

Corps coriace ; pattes antérieures plus longues que celles du milieu. — *G. lagenarius* (Dug.), G. bouteille ; corps globuleux, pyriforme ; couleur brun rouge chez les adultes. Vit dans la mousse des forêts. — *G. rotundatus* (Dug.), G. arrondi ; corps ovale, épais ; première paire de pattes grêles et sans crochets ; corps de couleur brun rouge foncé, pattes plus claires. — *G. musci* (Még.), G. de la mouche (pl. 2, fig. 6) ; corps plat, ovoïde ; extrémité antérieure plus étroite ; couleur bistre jaunâtre. Vit dans les mousses et certains nids d'Hyménoptères. — *G. gigas* (Dug.), G. géant ; corps plat en dessous, légèrement bombé en dessus, allongé ; couleur brun orange. Vit sur les Coléoptères. — *G. fungorum* (Latr.), G. de champignons (pl. 2, fig. 7) ; corps allongé, ovoïde, rétréci antérieurement, plat en dessous, bombé en dessus ; couleur brun rouge. Les adultes vivent sur les champignons; les nymphes sur les Coléoptères. — *G. horticola* (Koch), G. horticole; corps ovoïde ; couleur bistre foncé. Vit dans les jardins; nymphes sur les Coléoptères. — *G. tetragonoïde* (Meg.), G. tétragonoïde; corps presque plat; première paire de pattes à extrémité des tarses arrondie, velue; couleur brun orangé. — *G. viridis* (Még.), G. vert; corps ovoïde, allongé, couleur vert tendre. Vit sur les feuilles de différents arbres. — *G. carnifex* (Koch), G. carnifex (pl. 2, fig. 8); corps trapu, aplati de dessus en dessous; couleur bistre foncé. Vit au fond des poils des petits Quadrupèdes.

Genre Dermanyssus (*Dug.*), Dermanysse

Corps mou, finement strié, à l'exception de deux petits plastrons transparents. — *D. gallinæ* (de Geer), D. des poulaillers (pl. 2, fig. 9); corps ovoïde ; couleur blanc jaunâtre et rouge sang lorsque l'animal est repu. Vit dans les poulaillers et se répand sur les volatiles du voisinage; se trouve quelquefois accidentellement sur l'homme et les animaux domestiques. — *D. hirundinis* (de Geer), D. de l'hirondelle; espèce voisine de la précédente, mais double de grandeur; couleur brun violacé. Vit dans les nids d'hirondelle.

Genre Pteroptus (*Duf.*), Ptérople.

Corps mou, aplati; les deux paires de pattes postérieures épaisses, éloignées des antérieures, tournées en dedans. — *P. vespertilionis* (Duf.), P. de la chauve-souris (pl. 2, fig. 10); corps rhomboïdal à extrémité postérieure très étroite chez le mâle, large chez la femelle, couleur brun jaunâtre. Vit dans les plis des ailes des chauves-souris.

FAMILLE DES TYROGLYPHIDES.

Ce sont les Acariens appelés mites du fromage ; leur corps est de forme allongée à suçoir long et conique, les chélicères sont en forme de pinces; pattes assez longues terminées par des griffes. Vivent sur des matières végétales et animales.

Genre Glyciphagus (*Héring*), Glyciphage.

Corps ovoïde, allongé ou raccourci, à téguments lisses ou granuleux ; pattes grêles, poilues, la dernière paire plus longue. — *G. cursor* (Gerv.), G. coureur (pl. 2, fig. 11) ; corps cylindro-conique ; les poils postérieurs les plus longs ; couleur perlée. Vit sur les oiseaux et sur les insectes morts ou desséchés. — *G. spinipes* (Koch), G à pieds épineux (pl. 2, fig. 12) ; espèce voisine de la précédente, dont elle diffère par les poils plus longs. Même habitat. — *G. plumiger* (Rob. et Fum.), G. plumeux ; corps d'un blanc roussâtre pâle, aplati ; pattes un peu moindres que la largeur du corps ; téguments granuleux et ayant les poils ressemblant à des plumes. Vit dans la poussière. — *G. palmifer* (Rob. et Fum.), G. à palmes; corps d'un blanc grisâtre pâle, aplati ; extrémité postérieure arrondie ; pattes grêles ; poils ayant la disposition palmée. Même habitat.

Genre Carpoglyphus (*Rob.*), Carpoglyphe.

Corps ovoïde ; pattes cylindriques pourvues de piquants et de poils. — *C. passularum* (Rob.), C. des figues; caractères du genre; corps gris perlé brillant. Vit dans les figues sèches, pruneaux, etc.

Genre Tyroglyphus (*Latr.*), Tyroglyphe.

Corps cylindrique, très arrondi en arrière; pattes à tarses cylindriques. — *T. siro* (Latr.), T. du fromage, (pl. 2, fig. 13); corps de couleur gris perle, brillant, avec deux globules jaunes internes de chaque côté de l'abdomen; pattes subégales. Habite la croûte des fromages, la farine, etc. — *T. longior* (Gerv.), T. allongé; espèce voisine de la précédente, dont elle diffère par un corps plus long et des poils plus longs. Même habitat. — *T. entomophagus* (Laboul.), T. des insectes; espèce plus petite que celles citées ci-dessus. Vit dans les collections d'insectes, dont il dévore le corps à l'intérieur. — *T. lævis* (Deg.), T. léger : vit sur les bourdons. — *T. echinopus* (Rob.), T. épineux (pl. 2, fig. 14); corps de couleur gris perle ; caractères du genre. Vit dans les bulbes de liliacées qui commencent à s'altérer, et dans les tubercules de pommes de terre.

Genre Phylostoma (*Kram.*), Phylostome.

Corps quadrangulaire, tronqué postérieurement, triangulaire à la partie antérieure ; articles des pattes épineux. — *P. pectineum* (Kram.), P. pectinée (pl. 2, fig. 15); corps blanc jaunâtre, à téguments épais et opaques ; caractères du genre. Vit dans les champignons en voie de décomposition humide et dans les conserves de légumes décomposés.

FAMILLE DES SARCOPTIDES.

Nous partagerons, ainsi qu'il est fait habituellement, la famille des Sarcoptides en quatre sous-familles :

1° Sarcoptides plumicoles;
2° Sarcoptides cysticoles;
3° Sarcoptides gliricoles;
4° Sarcoptides psoriques.

1re SOUS-FAMILLE. — SARCOPTIDES PLUMICOLES

Les Acariens de ce groupe vivent sur le corps des oiseaux, au fond des plumes, des matières excrétées par la peau, sans causer de dommages aux téguments. — Corps plus ou moins aplati en dessous, convexe en dessus.

Genre Pterolichus (*C. Rob.*), **Ptérolique.**

Corps de forme générale ovoïde ou losangique: dos plus ou moins bombé, avec une dépression latérale peu profonde entre la deuxième et la troisième patte; rostre court. — *P. obtusus* (Rob.), P. obtus (pl. 2, fig. 10); corps d'un gris roussâtre, à dos bombé; plat sous le ventre, avec un sillon dorsal et une dépression latérale rudimentaire; tégument transparent, peu rigide. Vit sur les Gallinacés, poules ordinaires, faisans, perdrix. — *P. claudicans* (Rob.), P. boitant; corps d'un gris roussâtre, ovoïde, à dos bombé et à ventre plat; rostre d'une teinte jaune rougeâtre; pattes anguleuses, tégument transparent, peu rigide; un peu plus grande que l'espèce précédente. Vit sur les Gallinacés, surtout sur la caille, la perdrix grise. — *P. bisubulatus* (Rob.), P. à deux pointes; semblable au

P. obtusus; rostre un peu plus grand; pattes un peu anguleuses. Vit sur les perdrix rouges et grises. — *P. falciger* (Rob.), P. porte-faux (pl. 2, fig. 17); corps allongé, rhomboïdal, marqué dans son milieu par un sillon profond. Vit sur les pigeons sauvages ou domestiques. — *P. securiger* (Rob.), P. porte-hache; corps roussâtre, plus petit que les espèces précédentes, de forme quadrilatère allongée, atténuée en avant; pattes non anguleuses. Vit sur le martinet. — P. *cultrifer* (Rob.), P. porte-couteau, corps roussâtre, de forme losangique ou ovoïde, avec un sillon transversal derrière la deuxième paire de pattes; pattes non anguleuses. Vit sur le martinet avec l'espèce précédente. — *P. rallorum* (Rob.), P. des râles; corps d'un gris blanc-roussâtre, de forme ovalaire, avec un sillon transversal derrière les pattes de la deuxième paire et une dépression latérale; pattes non anguleuses. Vit sur le râle. — *P. delibatus* (Rob.), P. fendu; corps d'un gris roussâtre, de forme générale ovoïde, à côtés presque droits; pattes non anguleuses; tégument assez transparent. Vit sur la corneille.

Genre **Pteronyssus** (*Rob.*), **Ptéronysse.**

Corps généralement d'un gris roussâtre, atteignant une longueur d'un millimètre environ, de forme aplatie, allongée à côtés droits, avec une dépression très marquée entre la deuxième et la troisième paire de pattes; troisième paire de pattes un peu plus grandes que les autres. — *P. picinus* (Koch), P. du pic (pl. 2, fig. 18); corps d'un gris roussâtre, à corps allongé, presque quadrilatère; pas de sillon dorsal. Vit sur le pic-vert. — *P. striatus* (Rob.), P. strié (pl. 2, fig. 19); corps à surface un peu brillante, trapu, ovoïde, à dos bombé; pattes presque égales, non anguleuses ni tuberculeuses. Vit sur le pinson.

Genre Analges (*Nitsch.*), **Analgès.**

Corps d'un gris roussâtre, de forme générale très différente d'un sexe à l'autre; une petite dépression sur les flancs entre la deuxième et la troisième paire de pattes. — *A. passerinus* (Nitzsch). A. des passereaux (pl. 3, fig. 1); corps d'un gris roussâtre, foncé chez le mâle, plus pâle chez la femelle ; tous les articles des pattes antérieures portent des poils tentaculaires. Vit sur le moineau, le pinson et sur d'autres petits oiseaux. — *A. corvinus* (Még.), A. de la corneille; espèce très voisine de la précédente. Vit sur la corneille. — *A. cubitalis* (Még.), A. coudée (pl. 3, fig. 2); corps d'un gris roussâtre; rostre petit et conique; pattes antérieures fortes. Se rencontre dans les plumes des régions antérieures du corps de toutes les variétés ou races de poules domestiques. — *A. cinglymurus* (Meg.), A. à queue articulée; espèce voisine de la précédente, dont elle diffère par les soies du corps et des membres plus grands et plus forts. Vit sur la corneille et sur différents gallinacés, faisans, perdrix, etc. — *A. asternalis* (Még.), A. sans sternum; espèce pluspetite que *A. cubitalis;* aiguillon inférieur du quatrième article des pattes antérieures très conique, droit et fixe. Se rencontre dans les plumes des diverses espèces de pigeons sauvages ou domestiques. — *A. oscinum* (Rob.), A. des oiseaux; corps d'un gris roussâtre. pattes des deux premières paires presque égales entre elles, anguleuses; pattes de la troisième paire très grosses. Vit sur le verdier. — *A. socialis* (Rob.), A. social; corps de forme générale quadrilatère allongée, avec une petite dépression sur les flancs, et porte un poil à peu près aussi long que le corps est large; pattes grêles. Vit sur le pic-vert en petit nombre et en grande quantité sur la caille. — *A. sinuosus* (Még.), A. sinueux; membres antérieurs très forts et robustes, dont le deuxième article est arrondi en dessous; rostre large. Vit dans les plumes des oiseaux de proie nocturnes et même de quelques diurnes, comme la buse. — *A. velatus* (Még.), A. voilé; corps d'un gris roussâtre pâle; pattes antérieures grosses à la base et grêles à leur extrémité. Vit dans les plumes des Palmipèdes domestiques. — *A. centropodus* (Még.), A. à pied éperonné; espèce voisine de la précédente, mais plus petite et de couleur plus pâle; les membres sont plus grêles. Vit sur le vanneau.

Genre **Proctophyllodes** (*Rob.*), **Proctophyllode.**

Corps d'un gris roussâtre, de forme allongée, presque quadrilatère, à flancs presque droits. — *P. glandarinus* (Koch), P. du geai (pl. 3, fig. 3); corps mince, allongé, brillant à la surface, presque quadrilatère, à peine atténué en avant; pattes presque égales entre elles. Vit sur le geai et sur le gros-bec. — *P. profusus* (Rob.), P. abondant; espèce voisine de la précédente, mais un peu plus petite; pattes de la première et de la quatrième paire un peu plus grosses par rapport aux autres. Vit sur le bruant (*Emb. citrinella*), la linotte (*Cannabina linotta*), le chardonneret (*Carduelis elegans*);

la pie (*Pica caudata*), etc. — *P truncatus* (Rob.), P. tronqué; espèce plus petite que la précédente. Vit sur les moineaux (*Passer domesticus*, *montanus*). — *P. hemiphyllus* (Rob.), P. demi-feuille; espèce analogue au *P. glandarinus*, pattes presque égales. Vit sur le proyer (*Miliaria europæa*). — *P. microphyllus* (Rob.), P. petite-feuille; rostre plus long et plus effilé que chez *P. glandarinus;* pattes presque égales. Vit sur le pinson. — *P. rutilus* (Rob.), P. roux; corps de couleur roussâtre très prononcée, ayant la forme générale d'un ovoïde allongé atténué en avant. Vit sur l'hirondelle. — *P. cylindricus* (Rob.), P. cylindrique; corps d'un gris roussâtre, d'une forme cylindroïde allongée, à flancs presque rectilignes, parallèles, peu atténuée en avant; les deux paires de pattes antérieures très éloignées des postérieures. Vit sur la pie (*Pica caudata*). — *P. bilobatus* (Rob.), P. bilobé; corps de forme générale ovoïde allongée, atténué en avant, aplati sur le dos et davantage sous le ventre; pattes grêles, celles de la deuxième et de la troisième paire plus petites que les autres. Vit sur l'alouette (*Alauda arvensis*).

Genre Pterophagus (*Még.*), Pterophage.

Corps allongé, creusé d'un sillon transversal au milieu de l'espace qui sépare les deux groupes de pattes; pattes cylindriques, simples. — *P. strictus* (Még.), P. resserré (pl. 3, fig. 4), corps de couleur gris roussâtre, à corps allongé, se rétrécissant à la hauteur des troisième et quatrième paires de pattes. Vit dans les plumes des pigeons.

Genre Dermoglyphus (*Még.*), **Dermoglyphe.**

Rostre robuste et conique; corps de forme cylindrique, vermiforme, à extrémités arrondies; membres courts coniques. — *D. elongatus* (Még.), D. allongé (pl. 3, fig. 5); corps de couleur gris roussâtre, à corps allongé, anguleux en avant, arrondi en arrière, où il porte trois paires de soies et deux paires de poils. Vit dans les plumes des régions antérieures du corps de la poule domestique.

Au point de vue de la dermatologie des oiseaux, il est important de bien connaître les Sarcoptides plumicoles, afin de ne pas les confondre avec les Sarcoptides psoriques et de ne pas, par conséquent, leur attribuer un rôle nuisible qu'ils ne jouent pas. Nous répéterons que les Acariens de cette famille sont absolument inoffensifs; ils vivent des humeurs naturelles exhalées à la surface de la peau des oiseaux.

2e SOUS-FAMILLE. — SARCOPTIDES CYSTICOLES.

Corps de forme vermiculaire ; pattes petites.

Genre Laminosioptes (*Még.*), **Laminosiopte.**

Corps oblong, finement strié; pattes semblables. — *L. cysticola* (Vizioli), L. cysticole (pl. 3, fig. 6) ; caractères du genre ; corps de couleur gris perle. Vit dans le tissu sous-cutané des régions des côtés des Gallinacés.

Genre Cytoleichus (*Még.*), **Cytoléique.**

Corps large, orbiculaire, convexe en dessus ; pattes

fortes, coniques. — *C. nudus* (Vizioli), C. nu (pl. 3, fig. 7); caractères du genre ; corps blanc et diaphane. Cette espèce vit dans les sacs aériens des Gallinacés.

3e SOUS-FAMILLE. — SARCOPTIDES GLIRICOLES.

Acariens voisins du groupe précédent, mais en différant par le mode de fixation.

Genre **Listrophorus** (*Pag.*), **Listrophore**.

Corps allongé ; mâchoires transformées en organe de fixation. — *L. gibbus* (Pag.), L. bossu (pl. 3, fig. 8), caractères du genre. Vit dans les poils des lapins ou des lièvres. — *L. Leuckartii* (Pag.), L. de Leuckart ; espèce voisine de la précédente, mais ayant le corps plus allongé. Vit sur les poils des campagnols ; se rencontre aussi, mais accidentellement, sur certains Gallinacés.

Genre **Myocoptes** (*Clap.*), **Myocoptes**.

Corps déprimé ; chélicères triangulaires, à extrémité recourbée vers le bas ; pattes longues, à cinq articles, les deux postérieures transformées en crampons. — *M. musculinus* (Clap.), M. des souris (pl. 3, fig. 9) ; caractères du genre. Cette espèce vit sur les rats et sur les souris, dans les régions du museau.

4e SOUS-FAMILLE. — SARCOPTIDES PSORIQUES.

Acariens à téguments mous, de forme très ramassée ; pattes courtes composées d'un petit nombre d'articles, dont le dernier porte une ventouse pédiculée ou une longue soie ; ces espèces vivent sur la peau des Vertébrés à sang chaud ou dans son épaisseur, et causent la maladie de la gale, qui peut se transmettre par contagion d'un animal à l'autre.

Genre Sarcoptes (*Latr.*), **Sarcopte.**

Téguments épais munis de papilles dorsales coniques, d'épines et de poils; rostre large et court; pattes à cinq articles. — *S. scabiei* (Latr.) (pl. 3, fig. 16), S. de la gale; corps ovale; une paire de longues soies sur les côtés du ventre, et une sous le ventre au même niveau. Cette espèce vit sur l'homme et sur un grand nombre de Mammifères, chez lesquels elle détermine la maladie appelée *gale*. Nous avons du reste traité de son action nocive dans un paragraphe spécial (Voir p. 22). Nous citerons diverses variétés de ce Sarcopte; les caractères les plus saillants de cet acarien sont surtout basés sur les différences de dimensions. Les plus grosses espèces de Mammifères nourrissent les plus gros Sarcoptes; l'homme a la plus petite espèce. Les organes fouisseurs sont aussi en rapport avec l'épaisseur de la peau de l'animal sur laquelle vit l'Acarien. *S. scabiei*, var. *Equi*, S. du cheval (pl. 3, fig. 16); *S. scabiei*, var. *Suis*, S. du porc. — *S. scabiei*, var. *Vulpis*, S. du renard. — *S. scabiei*, var. *Lupi*, S. du loup. — *S. scabiei*, var. *Ovis*, S. du mouton. — *S. scabiei*, var. *Hominis*, S. de l'homme; corps ovoïde à abdomen étroit; de couleur blanc brillant. C'est cette dernière espèce qui produit presque exclusivement la gale de l'homme; elle est la variété la plus petite de *S. scabiei*.

Au douzième siècle, Abenzoar, auteur arabe, fit la première observation sur la gale et en conclut que cette maladie était produite par un animalcule. Au seizième siècle, Scaliger retrouva le parasite et essaya même d'en donner une description. Malgré toutes ces recherches, il n'y avait pas encore en France beaucoup de partisans de cette cause de la gale. Joubert, en 1580, considère le Sarcopte comme un pou de très petite taille ; Deger le premier décrivit l'Acarien et en donna une figure exacte. La gale a été signalée chez les animaux bien avant de l'être chez l'homme ; elle se trouve même mentionnée dans la Bible. Les femelles creusent dans l'épiderme des sillons profonds à l'extrémité desquels elles restent ; les mâles se tiennent plus près de la superficie. Rappelons en passant le traitement à suivre dans le cas d'atteinte de cette affection : prendre 100 ou 125 grammes de pommade d'Helmerich, en frotter rudement les parties du corps pendant 20 ou 25 minutes, surtout celles qui sont le siège de prédilection de ces Acariens. On fait ainsi deux frictions à six heures de distance.

S. notoedres (pl. 3, fig. 10) (Bourg. et Delaf.), S. notoèdre ; rostre long, soies des articles des pattes courtes, presque transformées en aiguillons aigus ; ventouses ambulatoires très larges, portées sur les pédoncules plus courts que dans l'espèce précédente. Vit en parasite sur le rat, le lapin, le chat, etc. Deux variétés sont à considérer : *S. notoedres*, v. *Muris* (pl. 3, fig. 10) ; S. du rat, corps de couleur blanc jaunâtre. Vit sur les rats d'égouts. — *S. notoedres*, var. *Cati*, S. du chat ; corps de couleur gris herbe. Vit sur le chat, le lapin. — *S. mutans* (Rob.), S. changeant ; corps orbiculaire n'offrant pas de saillies squammiformes. Cette espèce vit sous les écailles épidermiques des pattes des poules, ainsi que chez les oiseaux de basse-cour. — *S. lævis* (Raillet), S. à dos uni. Cette espèce offre les mêmes caractères généraux du genre ; la femelle ne présente aucune saillie tégumentaire dans la région dorsale, qui est marquée de plis parallèles très fins et très réguliers. Cette espèce a été trouvée par l'auteur et M. Cadiot, chef des travaux cliniques à l'École vétérinaire d'Alfort, à la base des plumes d'un pigeon messager.

Genre Psoroptes (*Gerv.*). **Psoropte.**

Corps ovalaire, muni en arrière, chez le mâle, de deux prolongements ou lobes abdominaux; corps marqué de stries sinueuses symétriques ; pattes très épaisses, longues, pourvues de forts crochets et d'une ventouse, portés sur un long pédicule triarticulé. — *P. communis* (pl. 3, fig. 11) (Fürst), P. commun ; corps ovoïde ; cinq paires de poils dorsaux; couleur généralement gris perle. Cette espèce possède plusieurs variétés vivant sur le cheval (v. *Equi*, pl. 3, fig. 11[1]), sur les moutons (v. *Ovis*), sur le lapin (v. *Cuniculi*), etc.

Les Psoroptes ont la vie très dure ; ils peuvent exister pendant trois, quatre et même six semaines loin de leurs hôtes ; toutefois, si l'atmosphère est sèche, ils ne peuvent pas résister plus de quinze jours. Souvent leur mort n'est qu'apparente, la chaleur et l'humidité suffisent à les rappeler à la vie. Ils peuvent vivre pendant plusieurs heures dans des solutions toxiques, comme l'arsenic et le sublimé corrosif.

Genre Chorioptes (*Gerv.*), **Choriopte.**

Corps ovalaire, obtus aux deux bouts ; pattes épaisses

et grandes; tarses pourvus de forts crochets et d'une ventouse énorme courtement pédiculée. — *C. setiferus* (Még.), C. sétifère; corps orbiculaire et de couleur gris perle rosé; soies dorsales très longues ayant pour base une large papille; soies des côtés du corps très longues et rondes. Vit sur le renard. — *C. ecaudatus* (Még.), C. auriculaire (pl. 3, fig. 13), corps ovoïde; soies disposées comme dans l'espèce précédente. Vit dans la conque auriculaire des chats, des chiens et des furets. — *C. symbiotes* (Verhey), C. symbiote (pl. 3, fig. 12); caractères du genre; diverses variétés sont à signaler : la v. *Equi*, sur le cheval, à l'extrémité inférieure des membres; la v. *Bovis*, sur le bœuf; la v. *Capræ*, sur la chèvre; cette variété attaque les parties supérieures du corps et produit des dépilations plus ou moins étendues : la v. *Cuniculi*, sur le lapin.

FAMILLE DES DÉMODÉCIDÉS.

Acariens à corps complètement vermiforme, à abdomen allongé et annelé. La tête est confondue avec le thorax; la partie inférieure du céphalo-thorax est partagée par une crête longitudinale et par quatre paires de crêtes transversales qui en partent, en régions, sur la partie extérieure desquelles sont insérées les huit pattes rudimentaires, biarticulées, armées chacune de quatre griffes.

Genre Demodex (*Gerv.*), **Demodex**.

Acariens vermiformes; thorax distinct de l'abdomen; abdomen mou, conoïde allongé. — *Demodex folliculorum* (Owen), D. folliculeux (pl. 3, fig. 14); caractères du genre. Trois variétés bien distinctes sont à considérer :

D. folliculorum, v. *caninus*, D. du chien ; *D. folliculorum*, var. *Hominis*, O. de l'homme ; *D. folliculorum*, var. *Cati*, D. du chat.

Ce parasite vit dans les glandes sébacées et dans les follicules pileux des animaux et occasionne une maladie cutanée. Cet Acarien a été aussi rencontré chez le renard, la chauve-souris, la chèvre, le porc et le mouton.

ORDRE DES LINGUATULIDES

Ce sont des Arachnides parasites, à corps allongé, vermiforme, annelé, présentant deux paires de crochets autour de la bouche dépourvue de mâchoires. Ces parasites avaient été placés longtemps parmi les Vers intestinaux ; mais l'étude de leurs embryons permet de reconnaître des Arachnides. A l'état adulte les Linguatules vivent dans les voies respiratoires des animaux à sang chaud et des Reptiles.

Genre Linguatula (*Lamk.*), Linguatule.

Caractères de l'ordre. — *L. tænioides* (Lamk.), L. ténioïde (Pl. 3, fig. 13) ; corps déprimé lancéolé, très allongé et beaucoup plus rétréci en arrière ; plissé transversalement et crénelé au bord. Vit dans les cavités nasale et pharyngienne du chien, du cheval, du loup, etc. — *L. moniliforme* (Dus.), L. moniliforme, corps blanchâtre, lactescent, cylindrique, présentant vingt-six segments, séparés par des étranglements. Habite la cavité abdominale et les poumons des couleuvres.

CRUSTACÉS

Les Crustacés vivent presque tous dans l'eau ; cependant quelques-uns peuvent mener une vie terrestre et leur organisation s'adapte à ce nouveau genre d'existence. Contrairement à ce qu'on voit chez les animaux supérieurs ou vertébrés, les parties dures du corps sont en dehors et les parties molles en dedans; le squelette externe des Crustacés en particulier et des Articulés en général est appelé *exosquelette*. Si l'on met dans du vinaigre fort (acide acétique) ou tout autre acide un fragment de squelette d'une Écrevisse, par exemple, il se dégage de nombreuses bulles d'un gaz qui n'est autre que de l'acide carbonique ; en laissant ce fragment pendant quelque temps, on ne retrouvera plus qu'une membrane molle, lamineuse, tandis que l'on trouve de la chaux dans la solution. L'exosquelette des Crustacés est en effet composé d'une substance animale molle, mais tellement imprégnée de phosphate et de carbonate de chaux, qu'elle forme une croûte dure.

En général la tête se soude avec le thorax ou au moins avec un ou plusieurs segments thoraciques, pour constituer une carapace, le céphalothorax ; quelquefois toute ligne de démarcation entre le thorax et l'abdomen fait complètement défaut.

La tête porte ordinairement deux paires d'antennes,

les antennes et les antennules, qui servent parfois d'organe de locomotion et de préhension, notamment chez les Crustacés inférieurs.

Les Crustacés sont pourvus de pattes thoraciques en partie transformées en organes de mastication; quant aux appendices de l'abdomen, ce sont tantôt des organes exclusivement locomoteurs, tantôt des organes de tact.

Le développement des Crustacés n'est presque jamais direct; car il est rare que les jeunes (fig. 21), après leur éclosion, possèdent déjà la forme qu'ils au-

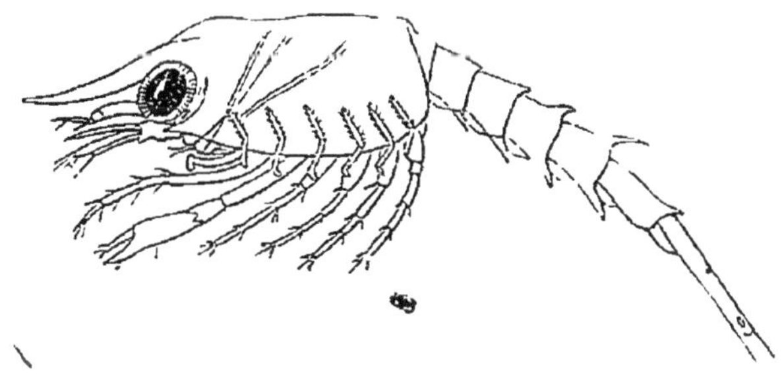

Fig. 21. — Larve de Homard (d'après Claus).

ront à l'état adulte (fig. 21). On observe presque toujours chez les Crustacés une métamorphose compliquée, et, quand ceux-ci sont destinés à mener plus tard la vie parasitaire, une métamorphose régressive. La solidité des téguments des Crustacés oblige ces animaux à rompre leur enveloppe pour prendre leur accroissement; ils abandonnent leur ancien squelette, qu'ils laissent en entier tant extérieurement qu'intérieurement, et ils apparaissent avec une peau nouvelle, molle d'abord, mais qui se durcit ensuite peu à peu.

Presque tous sont carnassiers, se nourrissant pour la plupart de détritus animaux; ils contribuent en cela pour une large part à l'épuration des eaux. Ainsi en considérant l'Écrevisse (*Astacus fluviatilis*), Huxley, dans son *Histoire naturelle de l'Écrevisse*, nous apprend que, tant que le temps est beau, l'animal se tient à l'orifice de son terrier, en barrant l'entrée avec ses grandes pinces et inspectant soigneusement les passants avec ses antennes déployées. Larves d'insectes, mollusques aquatiques, têtards, tout ce qui s'approche un peu trop près de lui est aussitôt pris et dévoré ; le Rat d'eau même peut subir pareil sort. En fait de nourriture, il est peu de choses que dédaigne l'Écrevisse : animaux ou végétaux, vivants ou morts, frais ou pourris, c'est tout un ; les plantes comme les *Chara*, les racines comme les carottes, sont aussi parfaitement acceptées ; les Escargots sont dévorés, animal et maison ; les dépouilles rejetées par les autres Écrevisses sont mises à contribution pour la matière calcaire qu'elles renferment.

Quelques espèces de Crustacés sont recherchées pour l'alimentation, tels que Tourteaux, Étrilles, Crevettes, Homards, Langoustes, Écrevisses, etc. ; ils fournissent une nourriture fort agréable. L'Écrevisse est tout particulièrement l'objet d'une importante exploitation, source de grands profits. Ainsi Paris seul consomme annuellement six millions d'Écrevisses, et paye pour cela 400 000 francs environ. Une pêche non réglementée a dépeuplé nos rivières, qui depuis longtemps ont cessé de pourvoir à toute la consommation ; nous sommes obligés de nous adresser à nos voisins pour alimenter nos marchés. La culture artificielle de l'Écrevisse a été tentée avec succès. Nous recommanderons aux pêcheurs, amateurs de ce Crustacé, de ne prendre que des sujets adultes, d'épargner les individus de petite taille, de laisser subsister les femelles, qui se reconnaissent à un abdomen plus élargi ; ces dernières sont du reste plus rares que les mâles.

La Crevette grise et la Crevette rose tendent aussi à disparaître ; une pêche non réglée, surtout pendant la saison dite des bains de mer, dépeuple peu à peu nos côtes de ces deux espèces, si abondantes autrefois.

C'est grâce à la fécondité des Crevettes et d'autres Crustacés que les chances de destruction sont contre-balancées et que tant d'espèces peuvent encore se montrer en très grand nombre. Les Crevettes entre autres, rouges ou grises, peuvent pondre une immense quantité d'œufs, et si tous ces œufs éclosaient régulièrement et que les jeunes arrivassent à l'état adulte, de manière à pouvoir chacune effectuer leur ponte, la mer finirait par ne pas être assez grande pour les contenir. Il en est des Crevettes comme il en serait de certains Poissons, les Sardines, les Harengs, les Morues, etc., qui peuvent pondre une très grande quantité d'œufs.

Le *Nephrops norvegiacus*, qui malgré son nom se rencontre assez communément sur les côtes de la Manche et de l'océan Atlantique, est un Crustacé peu connu au point de vue alimentaire, mais qui n'en a pas moins de grands mérites. Le Homard, la Langouste, donnent lieu à un commerce important. Sur les bords de la Méditerranée on mange assez fréquemment les *Scyllarus arctus*, mais malheureusement cette espèce n'atteint pas une grande taille ; les *Galathea* sont peu ou pas goûtées.

Les Crabes, Maïa, Étrilles, sont bien inférieures aux Langoustes, Homards, etc., mais malgré cela il en arrive journellement de grandes quantités sur les marchés de Paris. Les *Telfusa* ou Crabes d'eau douce sont mangées, paraît-il, par les moines qui habitent les côtes et qui absorbent ce Crustacé sans le faire cuire. La chair des *Calappa*, trouvée pendant longtemps de mauvais goût, serait délicate, d'une saveur agréable et d'une digestion facile.

Les Pagures ou Bernard-l'Hermite, qui vivent dans des coquilles de Mollusques gastropodes, servent d'amorce pour la pêche des Squales.

Répétons, pour la pêche des Crustacés comestibles en général, ce que nous disions plus haut pour l'Écrevisse : il ne faut pas les détruire inutilement, les jeunes surtout doivent être épargnés ; il sera ainsi facile d'arrêter la dépopulation de nos rivières et de nos côtes.

Nous diviserons la classe des Crustacés en deux sous-classes distinctes :

1° Les **Malacostracés**, qui comprennent les Crustacés supérieurs, caractérisés par le nombre déterminé des anneaux et des appendices :

2° Les **Entomostracés**, petits Crustacés à organisation simple, dont le nombre et la conformation des membres sont très variables.

CLASSE DES CRUSTACES

1re SOUS-CLASSE. — MALACOSTRACA, MALACOSTRACÉS.
Crustacés supérieurs, présentant un nombre régulier d'anneaux.

1er ORDRE. — PODOPHTHALMATA, PODOPHTHALMAIRES.
Yeux pédonculés mobiles.

2e ORDRE. — EDRIOPHTHALMATA, ÉDRIOPHTHALMES.
Yeux latéraux sessiles.

2e sous-classe. — ENTOMOSTRACA. ENTOMOSTRACÉS.

Crustacés à organisation simple: nombre et conformation des membres extrêmement variables.

1er ordre. — PHYLLOPODA, PHYLLOPODES.

Corps tantôt cylindrique, allongé, tantôt recouvert d'un large bouclier aplati.

2e ordre. — OSTRACODA, OSTRACODES.

Crustacés comprimés latéralement avec une carapace bivalve entourant complètement le corps.

3e ordre — COPEPODA, COPÉPODES.

Corps allongé. nettement articulé sans duplicature cutanée hectacée.

4e ordre. — CIRRHIPEDIA, CIRRHIPÈDES.

Crustacés sessiles, à corps indistinctement articulé, entouré par un repli cutané renfermant des plaques calcaires.

SOUS-CLASSE DES MALACOSTRACÉS.

Les Crustacés qui font partie de cette sous-classe présentent un nombre relativement constant d'anneaux et de membres; la tête et le thorax, qu'il n'est pas possible de délimiter d'une façon absolue, par suite du nombre variable de paires antérieures de pattes transformées en appendices buccaux, se composent de treize anneaux et portent le même nombre de paires d'appendices; l'abdomen, nettement distinct, se compose de six anneaux avec six paires de pattes et d'une plaque anale ou telson formée par la pièce terminale (Voir fig. 22).

Nous distinguerons dans cette sous-classe deux ordres:

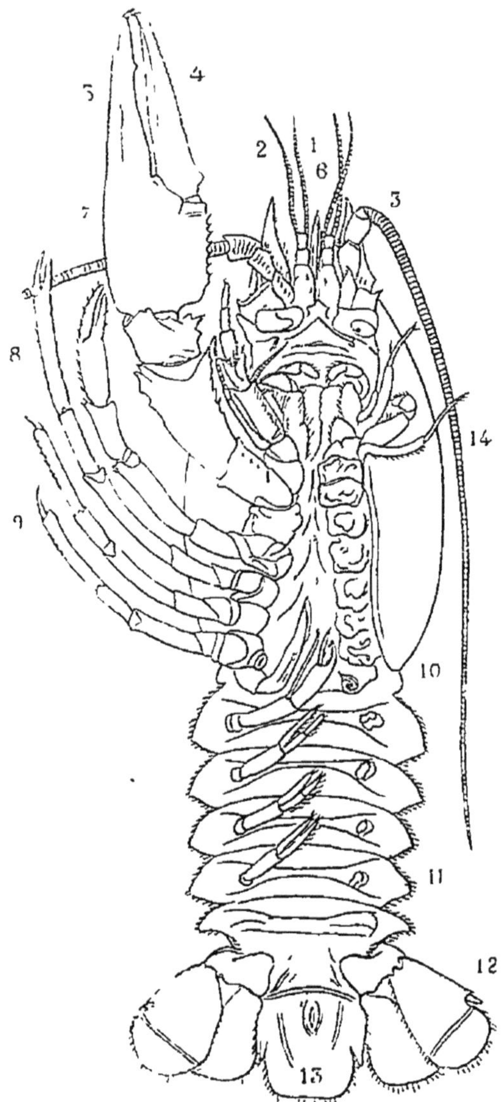

Fig. 22. — Ecrevisse. 1-2, Antennules ; 3, antenne ; 4, pièce mobile de la pince ; 5, pièce fixe de la pince ; 6, rostre ; 7, pince ; 8, deuxième paire de pattes ambulatoires ; 9, quatrième paire de pattes ambulatoires ; 10, pattes abdominales ; 11, cinquième anneau abdominal ; 12, telson ; 13, anus (d'après Claus).

1° Les **Podophthalmaires**, Crustacés ayant les yeux pédonculés mobiles ;

2° Les **Edriophthalmaires**, ayant les yeux latéraux sessiles.

ORDRE DES PODOPHTHALMAIRES

Les Crustacés de cet ordre ont les yeux pédonculés mobiles ; leur corps est de formes très variables, tantôt allongé, tantôt large et ramassé ; il existe une large carapace qui recouvre tous les anneaux thoraciques.

1er sous-ordre. — DECAPODA, DÉCAPODES.

Corps pourvu d'une carapace, généralement soudée avec tous les anneaux de la tête ; le plus souvent dix paires de pattes ambulatoires.

1re division. — BRACHYURA, BRACHYURES.

Corps ramassé ; carapace large ; abdomen replié en avant.

2e division. — ANOMURA, ANOMOURES.

Abdomen mince et lamelleux.

3e division. — MACRURA, MACROURES.

Abdomen très développé, plus long que la carapace.

2e sous-ordre. — STOMAPODA. STOMAPODES.

Corps de forme allongée, à carapace courte, branchies en touffes sur les pattes de l'abdomen.

SOUS-ORDRE DES DÉCAPODES.

Crustacés pourvus d'une carapace qui est généralement soudée avec tous les anneaux de la tête, ou du thorax, de deux ou trois paires de pattes-mâchoires et de dix à douze paires de pattes ambulatoires en partie armées de pinces.

Première division. — BRACHYURES

Tribu des Oxyrhynques.

Carapace plus longue que large.

FAMILLE DES MACROPODIENS.

Carapace généralement triangulaire.

STENORHYNCHUS. Rostre court et bifide.

ACHÆUS........ Tarses des deux dernières paires de pattes falciformes.

AMATHIA....... Pattes des quatre dernières paires filiformes, cylindriques, sans élargissement vers le bout.

INACHUS....... Rostre court, tarses des quatre dernières paires de pattes styliformes.

FAMILLE DES MAIENS.

Carapace épineuse.

HERBSTIA....... Rostre formé de deux cornes ponctuées et divergentes.

PISA........... Carapace allongée, pyriforme, rostre une fois et demie aussi long que large.

LISSA.......... Rostre formé de deux cornes lamelleuses.

HYAS........... Carapace un peu déprimée; rostre pointu.

MAIA .... Rostre saillant et profondément divisé.

ACANTHONYX ... Rostre formé de deux cornes aplaties.

FAMILLE DES PARTHÉNOPIENS.

Carapace courte, première paire de pattes très allongée.

EURYNOMUS..... Carapace irrégulièrement rhombique.

LAMBRUS........ Carapace fortement rétrécie en avant.

Tribu des Cyclométopes.

Carapace large ; pas de rostre.

FAMILLE DES CANCÉRIENS.

Carapace assez fortement bombée en dessus.

LAGOSTOMA..... Carapace ovoïde, très bombée.

XANTHO. ...... Carapace très large; front bilobé.

PLATYCARCINUS.. Front tridenté.
PILUMNUS....... Carapace très bombée, front très saillant.
PIRIMELA...... Orbites présentant deux dents et deux fissures en dessus.
ERIPHIA........ Carapace quadrangulaire.

FAMILLE DES PORTUNIENS.

Dernière paire de pattes à article terminal élargi.

CARCINUS....... Carapace plus large que longue, front trilobé.
PLATYONICHUS... Les trois paires de pattes postérieures terminées par un tarse très étroit.
POLYBIUS...... Les trois paires de pattes postérieures terminées par un tarse large.
PORTUNUS...... Partie antérieure du bord de la carapace avec cinq dents.
LUPEA......... Carapace extrêmement large.

Tribu des Catomépodes.

Carapace en général quadrangulaire : front large.

FAMILLE DES PINNOTHÉRIENS.

Carapace renflée.

PINNOTHERES ... Carapace presque circulaire.

FAMILLE DES GONOPLACIENS.

Carapace quadrangulaire à front très large.

GONOPLAX....... Bord antérieur de la carapace présentant des angles bien marqués.

FAMILLE DES GRAPSOIDIENS.

Carapace moins régulièrement quadrilatérale.

GRAPSUS........ Carapace munie de stries transversales.

Tribu des Oxystomes.

Carapace plus ou moins circulaire.

FAMILLE DES CALAPPIENS.

Pinces grandes, fortement comprimées.

CALAPPA .... Céphalothorax en forme de demi-cercle.

FAMILLE DES LEUCOSIENS.

Carapace d'ordinaire circulaire.

ILIA. .... Pattes antérieures longues terminées par des doigts filiformes.
EBALIA......... Céphalothorax hexagonal.
THIA........... Carapace cordiforme.
CORYSTES...... Rostre fort; carapace étroite, peu ou point rétrécie postérieurement.

FAMILLE DES DORIPPIENS.

Carapace déprimée, front large.

DORIPPE....... Pattes des deux dernières paires relevées sur le dos.
CYSMOPOLIA..... Dernière paire de pattes relevées sur le dos.
ETHUSA......... Carapace presque quadrilatère.

Deuxième division. — DÉCAPODES ANOMOURES

FAMILLE DES DROMIENS.

La dernière ou les deux dernières paires de pattes insérées sur le dos.

DROMIA........ Carapace circulaire, globuleuse.
HOMOLA........ Carapace plus ou moins quadrilatère.

FAMILLE DES PAGURIENS.

Abdomen mou, caché dans des coquilles de Mollusques.

PAGURUS........ Caractères de la famille.

FAMILLE DES PORCELLANIENS.

Abdomen replié avec une large nagcoire caudale.

PORCELLANA..... Première paire de pattes avec de grosses pinces plates.

Troisième division. — MACROURES

FAMILLE DES GALATHÉIDES.

Carapace ovale striée en travers.

GALATHEA .. .. Rostre saillant et épineux.

FAMILLE DES SCYLLARIENS.

Carapace plus longue que large, à bords parallèles.

SCYLLARUS...... Bords latéraux de la carapace parallèles.

FAMILLE DES PALINURIENS.

Antennes externes très longues.

PALINURUS...... Caractères de la famille.

FAMILLE DES THALASSINIENS.

Carapace petite, abdomen très allongé.

CALLIANASSA.... Pinces lamelleuses, larges.
AXIA........... Carapace terminée par un petit rostre triangulaire.
GEBIA.......... Rostre triangulaire recouvrant les yeux.

FAMILLE DES ASTACIENS.

Carapace avec une suture transversale; pinces puissantes.

ASTACUS....... Appendice frontal triangulaire.
HOMARUS....... Rostre grêle.
NEPHROPS....... Rostre dentelé.

FAMILLE DES PALÉMONIENS.

Corps comprimé: rostre généralement très développé.

CRANGON........ Rostre court.
ALPHÆUS....... Corps déprimé, rostre petit ou nul.
NIKA........... Antennes internes avec deux filets.
ATHANAS....... Antennes internes avec trois filets.
GNATOPHYLLUM... Rostre dentelé et court, deux filets aux antennes.
HIPPOLYTE...... Rostre très développé, deux filets aux antennes.
PANDALUS....... Rostre relevé vers le bout; deux filets aux antennes.
LYSMATA....... Rostre comprimé dentelé; trois filets aux antennes.
PALEMON........ Corps arrondi en dessus; rostre denté; trois filets aux antennes.
SICYONIA....... Carapace avec une crête médiane.
PENÆUS......... Rostre petit, corps comprimé.
PASIPHÆA...... Rostre court ou rudimentaire.

Première division. — BRACHYURES

Le corps est ramassé, le plus souvent avec une carapace large, triangulaire, arrondie ou quadrangulaire, dont la face inférieure creuse est recouverte par l'abdomen replié en avant, étroit chez les mâles, large chez les femelles; il n'y a pas de nageoires caudales.

Tribu des Oxyrhynques.

Carapace plus longue que large; rostre saillant, parfois fourchu.

FAMILLE DES MACROPODIENS

Carapace généralement triangulaire; pattes grêles et très longues; celles de la seconde ou de la troisième paire beaucoup plus longues que les pattes antérieures.

Genre Stenorhynchus (*Lam.*), Sténorhynque.

Carapace triangulaire avec un rostre court, bifide; yeux très saillants; première paire de pattes assez épaisse; abdomen composé dans les deux sexes de six articles, dont le dernier est formé par la soudure du sixième et du septième anneau. — *S. phalangium* (pl. 1, fig. 4) (Penn.), S. faucheur; rostre n'atteignant pas à beaucoup près l'extrémité du pédoncule des antennes externes; devant de la carapace armé de chaque côté d'une seule petite épine; région dorsale armée de trois pointes, dont les deux antérieures sont très écartées entre elles ; troisième article des pattes-mâchoires externes sans dentelures. Mer de la Manche, océan Atlantique. — *S. longirostris* (Fabr.), S. à long rostre ; rostre dépassant de beaucoup le pédoncule des antennes externes. Manche, Méditerranée.

Genre Achæus (*Leach.*), Achée.

Le rostre est presque nul, les quatre pattes postérieures ont un article recourbé comme une faucille servant de griffe. — *A Cranchii*, A. de Cranch (Leach.) : rostre formé de deux petites dents triangulaires, et ne dépassant pas le second article des antennes externes : une épine sur la face antérieure des pédoncules oculaires ; pattes garnies de quelques poils très longs et crochus ; longueur 1 à 2 centimètres, couleur brune. Manche et Méditerranée.

Genre Amathia (*Roux*), Amathie.

Carapace ayant la forme d'un triangle allongé et à base arrondie ; yeux petits et en partie protégés par une épine ; les pattes de la première paire sont plus courtes que les suivantes, article basilaire des antennes externes long et soudé au front ; abdomen à sept articles. — *A. rissoana* (pl. 4, fig. 2), A. de Risso (Roux) ; carapace hérissée de treize énormes épines ; pattes recouvertes, ainsi que la carapace, d'une sorte de duvet ; longueur 5 à 6 centimètres ; couleur jaunâtre avec deux taches rouges sur le front. Méditerranée.

Genre Inachus (*Fabr.*), Inachus.

Carapace triangulaire épineuse et munie d'un rostre

court; première paire de pattes beaucoup plus courte que la seconde paire, qui est très longue. Les Inachus ont le corps à peu près complètement couvert de duvet et de poils, auxquels s'attachent souvent quelques spongiaires ou autres Cœlentérées. — *I. Scorpio*, I. Scorpion (Fabr.); rostre large, très court et profondément échancré au milieu; carapace armée de quatre épines aiguës; une forte épine entre les fossettes antennaires et une série de petites pointes sur l'article basilaire des antennes externes; abdomen du mâle presque aussi large que long. Manche et océan Atlantique. — *I. dorynchus*, I. dorinque (Leach); rostre avancé, en forme de hache, divisé par une fissure, mais sans échancrure au bout et se terminant en pointe; carapace garnie de tubercules; pattes antérieures du mâle courtes. Manche et mer du Nord. — *I. thoracicus* (pl. 4, fig. 3), I. thoracique (Roux); rostre court et échancré; pattes antérieures du mâle grandes, la longueur de la main ne dépassant pas la largeur de la carapace. Méditerranée.

FAMILLE DES MAIENS.

Carapace presque toujours très épineuse; plus longue que large; rostre formé en général de deux cornes allongées.

Genre Herbstia (*M. Edw.*), Herbstie.

Carapace triangulaire; rostre petit, formé de deux cornes aplaties, pointues et divergentes; orbites ovalaires; yeux gros et rétractiles. — *H. condyliata* (pl. 4, fig. 4), H. noueuse; carapace environ un quart plus longue que large, arrondie en arrière, rétrécie en avant et hérissée en dessus d'un assez grand nombre d'épines obtuses et peu saillantes; corps couvert d'un duvet rare et fin; longueur 5 à 6 centimètres; couleur rougeâtre. Méditerranée.

Genre Pisa (*Leach.*), Pise.

La carapace se rétrécit graduellement dans ses trois quarts antérieurs; rostre une fois et demie aussi long que large: yeux portés sur des pédoncules très courts; abdomen composé de sept articles distincts. — *P. tetraodon*, P. tetraodon (Leach.); carapace d'un quart plus longue que large, légèrement bosselée en dessus, à régions peu distinctes; rostre un peu incliné et formé par des cornes assez grosses, dont la longueur égale à peu près la largeur du front, et dont l'extrémité est fortement courbée en dehors; troisième et quatrième articles des pattes antérieures tuberculeux; corps couvert d'une espèce de duvet; longueur 5 à 7 centimètres. Manche et océan Atlantique. — *P. corallina* (pl. 4, fig. 5), P. corallin (Risso); carapace presque deux fois aussi longue que large, à peine bosselée en dessus; bords latéraux armés sur la région branchiale de deux ou trois épines semblables entre elles; rostre horizontal formé de deux cornes styliformes très grêles; pattes presque entièrement lisses; corps parsemé de touffes de poils longs et renflés vers le bout, longueur 2 à 3 centimètres. Méditerranée. — *P. Gibsii*, P. de Gibs (Leach.); carapace une fois et demie aussi longue que large, ayant à peu près la forme d'un losange; rostre un peu plus long que le front n'est large; pattes de la seconde paire beaucoup plus longues que les suivantes; corps couvert de poils; longueur 4 à 5 centimètres. Mers de France. — *P. armata*, P. armée (Latr.); épines latérales longues et aiguës; espèce voisine de la précédente. Méditerranée.

Genre **Lissa** (*Leach*), **Lisse.**

Rostre formé par deux cornes lamelleuses, tronquées antérieurement et même plus larges en avant qu'à leur base, pas d'épines sous les tarses; ce genre est du reste très voisin du précédent. — *L. chiragra*, L. goutteuse (Herb.); carapace hexagonale, environ un quart plus longue que large, rétrécie en avant, très fortement bosselée et noduleuse en dessus; rostre large, armé de deux dents dirigées en dehors; pattes garnies de quelques poils en massue; longueur 5 à 6 centimètres. Méditerranée.

Genre **Hyas** (*Leach.*), **Hyade.**

Carapace assez large surtout antérieurement, peu bombée et arrondie en arrière; pattes ne présentant pas d'épines à la face inférieure du tarse. — *H. aranea.* H. araignée (Linn.); carapace resserrée en avant, arrondie en arrière; pattes de la seconde paire presque deux fois aussi longues que la portion post-frontale de la carapace; longueur 6 à 7 centimètres, couleur jaune rougeâtre. Mers de France. — *H. coarctata*, H. contractée (Leach.); carapace fortement resserrée derrière les angles orbitaires externes, large en avant et verruqueuse en dessus; longueur 5 à 6 centimètres. Manche.

Genre Maia (*Lam.*), **Maia**.

Carapace ovale arrondie, à rostre très saillant et profondément divisé; le premier article des antennes externes avec deux longues épines, et inséré immédiatement sur les bords de l'orbite. — *M. squinado*, M. squinade (Rond.): carapace couverte d'épines aiguës, assez bombée et fortement rétrécie en avant; face inférieure du front armée de cinq grosses épines, dont une médiane interantennaire; corps couvert de poils crochus; longueur 10 à 15 centimètres. Mers de France. Milne-Edwards nous apprend que les anciens regardaient cette espèce comme douée de raison et la représentaient suspendue au cou de la Diane d'Éphèse, comme un emblème de la sagesse. On la voit aussi figurée sur quelques-unes de leurs médailles. — *M. verrucosa* (pl. 4, fig. 6), M. verruqueux (M. Edw.); plus petit que le précédent, 6 à 8 centimètres de long; carapace à peine bombée et couverte de petits tubercules arrondis et armés de quelques petites épines sur la ligne médiane. Méditerranée.

Genre Acanthonyx (*Latr.*), **Acanthonyx**.

Rostre horizontal et formé de deux cornes aplaties et divergentes; orbites circulaires; pattes courtes et grosses. — *A. lunulatus* (pl. 4, fig. 7), A. lunulé (Risso); bords latéraux de la carapace armés de trois dents, dont l'antérieure est recourbée en avant; carapace légèrement convexe et presque une fois et demie aussi longue que large; longueur 1 centimètre et demi à 2 centimètres, couleur vert foncé. Méditerranée.

FAMILLE DES PARTHÉNOPIENS.

Le nom de cette famille provient du nom d'un genre qui n'a pas de représentant en France. — Carapace courte, triangulaire ou très large et bombée ; première paire de pattes très allongée.

Genre Eurynomus (*Leach.*), Eurynome.

Carapace irrégulièrement rhombique ; article basilaire des antennes externes de longueur médiocre remplissant la fente de l'orbite ; antennes internes placées sous le front. — *E. aspera* (pl. 4, fig. 8), E. rugueux (Penn.) ; carapace à régions très distinctes, rugueuses, avec une grosse dent triangulaire à l'angle externe de l'orbite ; pattes antérieures tuberculeuses et un peu comprimées ; longueur 1 centimètre et demi ; couleur rosée avec des teintes bleuâtres. Manche, à d'assez grandes profondeurs.

Genre Lambrus (*Leach.*), Lambre.

Carapace triangulaire fortement rétrécie en avant, à régions nettement délimitées ; surface parsemée de verrues et d'épines ; antennes internes placées obliquement au-dessous du front ; article basilaire des antennes externes très court. — *L. mediterraneus* (Roux), L. de la Méditerranée ; pattes de la dernière paire garnies d'épines sur les bords supérieur et inférieur du troisième article ; carapace rugueuse ; rostre très petit et denté sur les côtés ; couleur rougeâtre, longueur 5 à 6 centimètres. Méditerranée.

Tribu des Cyclométopes.

Carapace large, rétrécie en arrière; front et bords latéraux recourbés; pas de rostre; cadre buccal presque quadrangulaire, fermé par les pattes-mâchoires comme par un opercule; abdomen à sept articles chez la femelle, à cinq chez le mâle.

Parmi les Cyclométopes, les uns vivent près des côtes et ne sortent jamais de l'eau; les autres sont presque amphibies et vivent autant à l'air que dans l'eau; d'autres encore sont essentiellement nageurs et ne se rencontrent qu'en pleine mer. Il y en a aussi qui se creusent une retraite dans le sable.

FAMILLE DES CANCÉRIENS.

Deuxième paire de pattes semblable à la précédente, à article terminal grêle et acuminé.

Genre Lagostoma (*M. Edw.*), Lagostome.

Pattes-mâchoires externes, possédant une échancrure large et profonde vers le milieu du bord antérieur du troisième article; carapace ovoïde. — *L. perlata* (Herb.), L. perlée; carapace ovalaire, très bombée et couverte de gros tubercules pisiformes; pattes antérieures tuberculeuses, les suivantes garnies en dessus de poils assez longs, et hérissées d'épines; face inférieure du corps lisse; longueur 2 à 3 centimètres; couleur brunâtre. Océan Atlantique.

Genre Xantho (*Linn.*), Xanthe.

Carapace large, ovoïde, pattes antérieures fortes. —

X. floridus (Linn.), X. floride; carapace large et assez fortement bosselée dans toute sa moitié antérieure; pattes antérieures renflées et très grosses, les suivantes courtes, arrondies; bords de la carapace armés de quatre tubercules dentiformes presque triangulaires; longueur 5 à 6 centimètres; couleur brun rougeâtre, avec les pinces noires. Océan, Méditerranée. — *X. rivulosus* (pl. 5, fig. 1) (Risso), X. rivuleux; espèce voisine de la précédente; les bosselures de la carapace sont moins élevées; les pattes des quatre dernières paires sont garnies de poils dans toute la longueur de leur bord supérieur. Méditerranée.

Genre Platycarcinus (*Latr.*), Platycarcin.

Carapace un peu bombée et élargie; front étroit; les antennes internes, au lieu de se replier obliquement en dehors, se dirigent presque directement en avant. — *P. pagurus* (Linn.) (pl. 5, fig. 2), Tourteau; carapace plus d'une fois et demie aussi large que longue; front étroit garni de cinq dents arrondies; orbite présentant deux fissures à son bord supérieur; pattes antérieures fortes, arrondies, et ne présentant ni épines ni dents; couleur rouge brun en dessus, blanchâtre en dessous, avec les pinces noires. Mers de France.

Ce crustacé, qui est assez commun sur nos côtes, est très estimé au point de vue comestible; il atteint de grandes tailles. Il est connu vulgairement sous les noms de Tourteau, Poupart, Houvet, etc.

Genre Pilumnus (*Leach.*), Pilumne.

Carapace très bombée, à front très saillant; article basilaire des antennes externes mobile et ne remplissant pas complètement la fente de la cavité orbitaire ; abdomen à sept articles. — *P. hirtellus* (pl. 5. fig. 3) (Penn.), P. hérissé; carapace lisse; front légèrement dentelé sur le bord, divisé par une fissure médiane très profonde et assez large ; pattes antérieures fortes. renflées et très inégales; quelques poils sur les huit dernières pattes; longueur 2 centimètres à 2 centimètres et demi; couleur brun rougeâtre mêlé de jaune. Mers de France. — Chez *P. villosus* (Risso), les bords latéraux de la carapace sont armés de cinq dents bifides ou trifides. Méditerranée.

Genre Pirimela (*Leach.*), Pirimèle.

Carapace régulièrement arquée dans sa moitié antérieure ; les orbites présentent deux dents et deux fissures en dessus, les antennes externes sont très longues; abdomen du mâle à cinq articles. — *P. denticulata* (Montag.), P. denticulée; carapace lisse, mais fortement bosselée sur les régions dorsales, pinces garnies d'une petite crête en dessus ; longueur 1 centimètre et demi, couleur verdâtre. Manche et océan Atlantique.

Genre Eriphia (*Latr.*), Eriphie.

Carapace moins élargie et plus quadrilatère que dans les genres précédents. — *E. spinifrons* (Herb.), E. à front épineux; carapace garnie en avant de quelques petites lignes transversales de dentelures, front divisé en quatre lobes hérissés d'épines, bord orbitaire épineux; longueur 5 à 7 centimètres; couleur verdâtre ou rouge vineux très foncé. — Mers de France.

FAMILLE DES PORTUNIENS.

Dernière paire de pattes à article terminal élargi, foliacé, servant à la natation.

Genre Carcinus (*Leach.*), **Carcin.**

Carapace plus large que longue, front saillant, trilobé, partie antérieure des bords latéraux avec cinq dents, plus courte que la partie postérieure ; pattes-mâchoires externes ne dépassant pas le bord antérieur de la bouche, abdomen du mâle à cinq segments. — *C. mænas* (pl. 5, fig. 4) (Baster), Crabe commun, Cranque ; carapace légèrement granuleuse en avant, front terminé par trois lobes arrondis ; longueur 5 à 6 centimètres ; couleur verdâtre. Toutes les côtes marines.

C'est encore une de ces espèces qui sont assez recherchées comme aliment ; on en expédie de grandes quantités à Paris et dans les grandes villes pendant l'été.

Genre Platyonichus (*Latr.*), **Platyonique.**

Carapace à peu près aussi large que longue, pattes-mâchoires externes dépassant le bord intérieur de la bouche, tarse de la cinquième paire de pattes elliptique et assez large. — *P. latipes* (Penn.), P. latipède ; carapace cordiforme, dents frontales très petites, pattes antérieures courtes ; abdomen du mâle à cinq segments ; longueur 2 à 3 centimètres. Méditerranée, Manche. — *P. nasutus* (pl. 5, fig. 5) (Latr.), P. muselier ; carapace bombée au milieu et inégale, une fissure au bord orbitaire supérieur ; espèce petite. Océan Atlantique et Méditerranée.

Genre Polybius (*Leach.*), **Polybie.**

Les quatre paires de pattes postérieures sont terminées par un tarse large et lancéolé. — *P. Henslowi* (Leach.) (pl. 5, fig. 6). P. de Henslow; corps très comprimé, carapace orbiculaire, parfaitement lisse et plane en dessus; front armé de cinq dents triangulaires peu saillantes; longueur 5 à 6 centimètres, couleur brune. Cette espèce est connue sous le nom de *Crabe de sardine*. Manche et océan Atlantique.

Genre Portunus (*Fabr.*), **Portune.**

Carapace médiocrement large, partie antérieure du bord latéral avec cinq dents; front étroit, orbites ovalaires. — *P. puber* (Lenn.) (pl. 5, fig. 7), P. étrille; carapace très velue, front armé de deux dents médianes assez fortes, suivies de chaque côté de deux ou trois petites dents, et d'un lobe saillant, dont le bord est dentelé; pattes couvertes d'un duvet très serré, interrompu par des lignes élevées longitudinales. Mers de France. — *P. plicatus* (Risso), P. plissé; front relevé et armé de trois fortes dents triangulaires, en dehors desquelles se voit de chaque côté une petite dent placée au-dessus de l'angle orbitaire interne; longueur 4 à 5 centimètres, couleur rougeâtre. Méditerranée, océan Atlantique. — *P. marmoreus* (Leach.), P. marbré; dernier article des pattes postérieures se terminant en pointe, carapace legèrement granuleuse et moins rétrécie postérieurement que chez *P. plicatus;* front armé de trois petites dents obtuses. Mers de France. — *P. holsatus* (Fabr.), P. holsatien; dernier article des pattes postérieures arrondi au bout, carapace rétrécie postérieurement et déprimée; espèce ressemblant beaucoup à la précédente. Mers de France. — *P. corrugatus* (Penn.), P. ridé; carapace bombée et couverte de lignes transversales granuleuses donnant insertion à des poils ; front très avancé et divisé en trois lobes, pattes antérieures courtes et comme squammeuses; longueur 5 à 6 centimètres ; couleur rougeâtre. Méditerranée. — *P. pusillus* (Leach), P. nain ; carapace très bombée et bosselée, mais dépourvue de poils; front très avancé, dernier article des pattes postérieures lancéolé; longueur 1 centimètre environ. Manche. — *P. longipes* (pl. 5, fig. 8) (Risso), P. à longues pattes; pattes de la seconde paire plus longues que celles de la troisième paire, carapace bombée, front large, pattes grêles et longues; longueur 2 à 3 centimètres. Méditerranée. — *P. Rondeletii* (Risso) (pl. 5, fig. 9), P. de Rondelet; pattes de la seconde paire moins longues que celles de la première paire et presque aussi longues que celles de la troisième paire; carapace granuleuse. Méditerranée.

Genre Lupea (*Leach*), **Lupée.**

Carapace très large, front denté peu saillant au-dessus des yeux ; partie antérieure des bords latéraux très longue et munie de neuf dents, article basilaire des antennes externes soudé au front. — *L. hastata* (Latr.), L. hastée; carapace inégale et pubescente; front armé de six dents ; bord supérieur de l'orbite ne possédant pas de dent médiane; pattes antérieures grandes; longueur de 5 à 6 centimètres. Méditerranée.

TRIBU DES CATOMÉPODES.

Carapace en général quadrangulaire, parfois ovale transversalement, à bords latéraux droits ou légèrement courbes; front large; tige des antennes externes courte, insérée dans l'angle de la cavité orbitaire; cadre buccal quadrangulaire.

Cette tribu est très remarquable par les mœurs de plusieurs espèces qui la composent : certaines sont terrestres; d'autres vivent sur les plages en se creusant des terriers; ils courent presque tous avec agilité.

FAMILLE DES PINNOTHÉRIENS.

Carapace renflée, parfois molle, à parties latérales arrondies et à yeux courts; antennes internes placées d'ordinaire transversalement.

Genre Pinnotheres (*Latr.*), Pinnothère.

Carapace presque circulaire, bombée et lisse; cadre buccal en forme de croissant. — *P. pisum* (L.), P. pois; carapace molle; front saillant chez le mâle, abdomen de la femelle circulaire, celui du mâle ayant le dernier article moins grand que le pénultième; longueur 1 centimètre chez la femelle, de 4 à 5 millimètres chez le mâle. Méditerranée; vit entre les lobes du manteau des coquilles des Lamellibranches. — *P. veterum* (Bosc) (pl. 6, fig. 1), P. des anciens; espèce très voisine de la précédente, l'abdomen de la femelle est ovalaire; longueur de la femelle 14 à 16 millimètres. Même habitat que *P. pisum*.

Les *Pinnothères* vivent généralement dans les Moules :

ce sont des commensaux, dit Van Beneden. Ce Crustacé s'installe dans cette coquille, prend son repas dans les mêmes eaux que son hôte; il fait participer de ses chasses ce dernier, qui profite de tout ce que n'absorbe pas le Pinnothère. Ce Crustacé a été souvent accusé, et bien à tort, d'être la cause des indispositions trop connues des amateurs de moules; ce sont ces Mollusques, ou peut-être même les microorganismes de leur intestin, qui produisent des empoisonnements, et non les commensaux.

FAMILLE DES GONOPLACIENS.

Carapace triangulaire avec un front très large; antennes internes placées transversalement.

Genre Gonoplax (*Leach*). **Gonoplace.**

Le bord antérieur de la carapace est long et présente des angles bien marqués; yeux longuement pédonculés; pattes antérieures du mâle très longues et presque cylindriques. — *G. angulata* (pl. 6, fig. 2) (Fabr.), G. anguleuse; carapace armée de chaque côté de deux petites épines dirigées en avant, dont l'une occupe l'angle orbitaire externe et l'autre le bord latéral à peu de distance de la première; pattes antérieures du mâle quatre fois aussi longues que la carapace, celles de la femelle beaucoup plus courtes: bras cylindrique, pattes des quatre dernières paires longues et grêles; longueur 2 à 3 centimètres. Méditerranée. — *G. rhomboïdes* (Fabr.), G. rhomboïde. Cette espèce ne présente pas d'épines sur les bords latéraux de la carapace, mais on y remarque presque toujours dans les points correspondants une petite élévation; pattes antérieures plus longues encore que chez l'espèce précédente; longueur 2 à 3 centimètres; couleur jaunâtre mêlé de rouge. Méditerranée et océan Atlantique.

FAMILLE DES GRAPSOIDIENS.

Carapace aplatie et moins régulièrement quadrilatère, le plus souvent à bords latéraux légèrement courbes; front presque toujours recourbé et large.

Genre Grapsus (*Lam.*), Grapse.

Surface de la carapace assez large, munie de stries transversales; pattes portant des pinces sensiblement égales. — *G. varius* (Latr.) (pl. 6, fig. 3), G. madré ou varié; carapace lisse et presque carrée. front saillant, presque horizontal et égal à la moitié de la largeur de la carapace; bords latéraux armés de trois fortes dents; pattes de longueur médiocre; longueur 4 centimètres environ; couleur rouge violacé, marqué de petites taches irrégulières jaunâtres. Océan Atlantique et Méditerranée.

TRIBU DES OXYSTOMES.

Carapace plus ou moins circulaire, parfois recourbée seulement en avant; yeux petits, pattes antérieures presque toujours courtes, pince comprimée, plus ou moins élevée en dessus, en forme de crête, et disposée de façon à pouvoir s'appliquer exactement contre la région buccale.

FAMILLE DES CALAPPIENS.

Carapace large fortement bombée en dessus, à bords latéraux minces et dentelés : antennes externes courtes ; pattes antérieures avec une partie très large, recouvrant presque la surface inférieure du corps.

Genre Calappa (*Fabr.*), Calappe.

Carapace en forme de demi-cercle, large, tronquée en arrière, à parties latérales élargies ; pattes portant de grandes pinces comprimées. — *C. granulata* (L.) (pl. 6, fig. 4), C. granuleux ; carapace bombée, presque aussi longue que large, très bosselée en avant, granuleuse en arrière ; front étroit et profondément échancré vers le milieu, bras armés près de leur bord antérieur d'une crête verticale fortement dentelée ; longueur 5 à 9 centimètres ; couleur jaunâtre uniforme. Méditerranée.

FAMILLE DES LEUCOSIENS.

Le nom de la famille est tiré d'un genre qui n'a pas de représentant en France. — Carapace circulaire fortement saillante au niveau du front.

Genre Ilia (*Leach*), Ilia.

Carapace sphérique à bord frontal profondément échancré et s'avançant sous la forme de deux petites cornes obtuses ; pattes portant des pinces très longues et grêles avec un doigt très long ; la seconde paire de pattes est environ une fois et demie plus longue que la carapace. — *I. nucleus* (Herbst) (pl. 6, fig. 5), I. noyau ;

carapace très bombée, couverte de petites granulations très fines et serrées, pattes antérieures n'ayant pas deux fois la longueur du corps; longueur 2 centimètres. Méditerranée. — *I. rugulosa* (Roux), I. granulée; carapace couverte de granulations miliaires déprimées et assez espacées; voisine de l'espèce précédente et même habitat.

Genre Ebalia (*Leach*), Ebalie.

Carapace hexagonale, à front sensiblement saillant; les orbites présentent deux petites fissures; pattes portant des pinces grosses et courtes, pattes suivantes plus courtes encore. — *E. Brayerii* (Leach), E. de Brayer; front à peine échancré, pattes antérieures assez courtes; longueur 6 millimètres. Manche, mer du Nord. — *E. Cranchii* (Leach), E. de Cranch; front assez profondément échancré; pattes longues; longueur 2 centimètres environ. Méditerranée. — *E. Pennantii* (Leach), E. de Pennant; carapace beaucoup plus élevée que dans les espèces précédentes, et présentant une espèce de crête obscure et à trois branches. Manche et mer du Nord.

FAMILLE DES CORYSTIENS.

Carapace assez large, parfois circulaire allongée; antennes externes très allongées.

Genre Thia (*Leach*), Thie.

Carapace presque cordiforme avec un front large, proéminent; rétrécie en arrière; antennes internes placées transversalement. — *T. polita* (pl. 6, fig. 6)

(Leach), T. polie ; carapace très lisse, un peu pointillée dans sa partie antérieure, et entourée d'une bordure de longs poils, front arqué, yeux petits, pattes ciliées sur leur bord ; longueur 2 centimètres ; couleur rosée. Cette espèce vit enfoncée dans le sable. Manche et Méditerranée.

Genre Corystes (*Latr.*), **Coryste.**

Carapace étroite et longue, avec un fort rostre triangulaire. — *C. dentatus* (pl. 6, fig. 7) (Fabr.), C. denté ; carapace bombée, rostre profondément échancré au milieu, trois dents spiniformes de chaque côté de la carapace ; longueur 3 centimètres. Manche, océan Atlantique et Méditerranée.

FAMILLE DES DORIPPIENS.

Carapace déprimée, tronquée en avant ; front large ; pattes antérieures courtes, celles des deux paires suivantes longues et terminées par un article styliforme ; celles de la dernière ou des deux dernières paires s'insèrent au-dessus des précédentes et pour ainsi dire sur le dos ; plus petites que les autres, elles sont généralement terminées par un article crochu.

Genre Dorippe (*Fabr.*), **Dorippe.**

Carapace plus large postérieurement qu'antérieurement ; front échancré, pattes très inégales et ne s'insérant pas sur la même ligne. — *D. lanata* (L.), D. laineux (pl. 6, fig. 8) ; carapace très inégale, bosselée et granuleuse à sa partie posterieure, très étroite en avant; front largement échancré; une épine vers le milieu du bord latéral de la carapace; pattes garnies de longs poils, longueur 3 à 4 centimètres. Méditerranée.

Genre Cysmopolia (*Roux*), **Cysmopolie.**

Carapace déprimée; front large et dentelé; pattes antérieures inégales. — *C. Caronii* (Roux) (pl. 6, fig. 9), C. de Caron; carapace bosselée et très rugueuse; front armé de quatre dents, occupant la portion médiane; bords latéraux garnis de quatre dents aplaties; longueur 2 millimètres. Méditerranée.

Genre Ethusa (*Roux*), **Ethuse.**

Carapace à peu près quadrilatère, plus longue que large et très aplatie; front large; yeux portés sur un pédoncule assez long et saillant. — *E. mascarone*, (Herbst), E. mascarone; front profondément divisé en deux lobes bidentés, une dent pointue à l'angle du bord fronto-orbitaire; carapace glabre, plus large en arrière qu'en avant; longueur 2 centimètres et demi environ. Méditerranée.

Deuxième division. — DÉCAPODES ANOMOURES.

Les Crustacés de cette division établissent le passage entre les Brachyures et les Macroures. La carapace ressemble à celle des espèces de la division précédente, mais chez quelques-unes cependant elle s'allonge davantage. Les antennes internes sont grandes; les externes sont également développées. La disposition de l'abdomen varie; presque toujours il est mince, lamelleux, et ne porte jamais en dessous une double série de pattes natatoires.

FAMILLE DES DROMIENS.

Carapace arrondie, subtriangulaire ou quadrangulaire; la dernière ou les deux dernières paires de pattes raccourcies et tout à fait insérées sur le dos.

Genre Dromia (*Fabr.*), Dromie.

Carapace circulaire et presque globuleuse; front incliné et triangulaire; yeux gros et courts, les deux dernières paires de pattes petites et grêles, insérées sur le dos. — *D. vulgaris* (Edw.) (pl. 6, fig. 10), D. vulgaire; carapace fortement bosselée en dessus; front armé de trois grosses dents obtuses, qui, par l'âge, deviennent de simples bosses arrondies; bords latéraux antérieurs de la carapace armés de quatre grosses dents; pattes antérieures très noduleuses; couleur brune foncée; pinces rosées; longueur 5 à 9 centimètres. Océan Atlantique, Méditerranée.

Les Dromies, dit Van Beneden, se logent, dès leur première jeunesse, sous une colonie naissante de Polypes, qui croît avec eux. Cette colonie a pour fond principal un Alcyon vivant, qui couvre la carapace, se développe et s'adapte parfaitement à toutes les inégalités du céphalothorax : on dirait une partie intégrante du crabe. Des sertulaires, des algues, etc., se développent sur cet Alcyon, et la Dromie, masquée par ce rocher vivant, marche avec assurance à la conquête de sa proie.

Genre Homola (*Leach*), **Homole.**

Carapace plus ou moins quadrilatérale; troisième, quatrième et cinquième paires de pattes très allongées, cinquième paire plus courte, insérée sur le dos et terminée par une main préhensile. — *H. spinifrons* (pl. 7, fig. 1) (Lam.), H. à front épineux; rostre bidenté; dents orbitaires supérieures plus grosses que celles situées de chaque côté de la base du rostre et placées sur la même ligne; région stomacale hérissée de neuf grosses épines; bras prismatiques et armés d'une rangée d'épines sur chaque bord; une grosse dent médiane et conique sur le second anneau de l'abdomen; corps couvert de poils fauves; longueur 4 centimètres. Méditerranée. — *H. Cuvieri* (Roux), H. de Cuvier; rostre unidenté et armé à sa base de deux dents coniques très fortes; carapace couverte partout de nombreuses épines coniques; cette espèce est beaucoup plus grande que la précédente. Méditerranée.

FAMILLE DES PAGURIENS.

Carapace allongée; dernier anneau thoracique libre: abdomen, dans la règle, mou et asymétrique, terminé par une nageoire caudale mobile, caché dans des coquilles vides de Mollusques; première paire de pattes très grande avec des pinces en général inégales; les dernière et avant-dernière paires de pattes courtes, avec une saillie dorsale, servant à fixer le corps dans la coquille.

Genre Pagurus (*Fabr.*), **Pagure**.

Abdomen mou, asymétrique, avec une nageoire caudale cachée dans les coquilles du Mollusque ; carapace presque aussi large en avant qu'en arrière et ne se prolongeant latéralement que peu ou point au-dessus de la base des pattes. — *P. Bernardus* (pl. 7, fig. 3) (Lin.), Bernard l'Hermite ; bord antérieur de la carapace assez profondément échancré au-dessus de la base des pédoncules oculaires, et présentant sur la ligne médiane un angle saillant qui simule un petit rostre obtus ; pédoncules oculaires gros, courts ; abdomen ne présentant dans sa partie membraneuse que des plaques latérales ; une échancrure semi-lunaire au bord postérieur de la lame terminale de l'abdomen. La taille de cette espèce, comme des suivantes du reste, est très variable ; on en rencontre de 3 à 15 centimètres de longueur. Manche, mer du Nord, océan Atlantique. — *P. Pridauxii* (Desm.), P. de Pridaux ; espèce voisine de la précédente, dont elle ne diffère que par la pince plus allongée et moins épineuse. Manche et Méditerranée. *Pagurus Pridauxii* a pour commensal principal une Anémone de mer du genre *Adamsia*. Ce Pagure est remarquable par la bonne entente qui règne entre lui et son acolyte ; Van Beneden nous l'apprend. Ce Crustacé ne manque jamais d'offrir après la pêche les meilleurs morceaux à l'Anémone, sa voisine ; mais c'est surtout lorsqu'il s'agit de changer de demeure qu'il redouble de soins et de prévenances. Il manœuvre avec toute la délicatesse dont il est capable pour changer l'Anémone de coquille ; il vient à son aide pour la détacher et n'est heureux que lorsque son hôte est satisfaite et lui a dit merci en son langage d'Anémone. — *P. angulatus* (pl. 7, fig. 2) (Edw.), P. anguleux; ressemble au *Bernardus*, mais s'en distingue par la forme des pinces, dont la face externe présente trois grosses crêtes longitudinales, hérissées de tubercules et séparées par des gouttières profondes et presque lisses. Méditerranée. — *P. striatus* (Bosc), P. strié; angle médian du bord antérieur de la carapace à peine marqué; pédoncules oculaires gros, sans renflement notable au milieu; pattes antérieures très grosses, surtout du côté gauche, et couvert presque partout de lignes transversales, courbes, tuberculeuses et garnies de petits poils assez serrés; pince terminale de l'abdomen divisée postérieurement en deux lobes inégaux et arrondis. Méditerranée. — *P. pictus* (Edw.), P. peint; angle médian du bord antérieur de la carapace arrondi, mais assez saillant; pattes antérieures longues, minces, d'inégale grandeur et un peu pointues; longueur 2 à 3 centimètres; coloration jaune rougeâtre, avec des taches rouges linéaires et longitudinales. Méditerranée. — *P. oculatus* (Fabr.), P. oculé; dent rostriforme à peine marquée; pattes antérieures presque symétriques et médiocres; la pince est épineuse et garnie de quelques poils; lame terminale de l'abdomen arrondie au bout; longueur 5 à 6 centimètres; couleur rougeâtre; des lignes longitudinales jaunes et rouges sur les tarses. Océan Atlantique. — *P. maculatus* (Risso), P. tacheté; dent rostriforme, mince et allongée; pédoncules oculaires un peu rétrécis vers le milieu; pattes antérieures courtes, épaisses et finement granulées;

pince renflée à la base, mais devenant presque triangulaire vers le haut. Méditerranée.

FAMILLE DES PORCELLANIENS.

Carapace ovale arrondie, plus rarement allongée; pédoncules oculaires courts, placés dans les petites orbites ouvertes en dessous; pattes-mâchoires inférieures recouvrant la région buccale avec leurs articles élargis, prolongés en avant jusque vers le front; dernière paire de pattes grêles, insérée sur le dos avec de petites pinces; abdomen replié avec une large nageoire caudale.

Genre Porcellana (*Lam.*), Porcellane.

Antennes internes petites, cachées au-dessous du front triangulaire; première paire de pattes plus ou moins aplatie avec de grosses pinces, les trois paires de pattes suivantes plus courtes et terminées par des griffes. — *P. platycheles* (pl. 7, fig. 4) (Penn.), P. à pinces plates; carapace légèrement bombée et velue sur les côtés; front avancé et divisé en trois dents triangulaires et aplaties; pattes antérieures grandes: pinces larges, aplaties, garnies de longs poils, pattes suivantes grêles et pointues; longueur 1 centimètre environ, couleur brunâtre. Côtes de France. — *P. longicornis* (Senn.), P. longicorne; carapace bombée, presque circulaire, assez lisse, et présentant latéralement un petit bord mince; front divisé en trois lobes; pattes antérieures longues; pinces grêles et recourbées en dedans, pattes suivantes grêles et à peine poilues; longueur 4 millimètres. Côtes de France.

Troisième division. — MACROURES.

L'abdomen, très développé, est plus long que la carapace; il porte cinq paires de fausses pattes et se termine par une grande nageoire caudale en forme d'éventail. Les antennes internes portent deux ou trois longs fouets, les antennes externes n'en ont qu'un seul, mais possèdent généralement une large écaille bordée de soies.

Les Macroures, dit Claus, habitent tous dans l'eau; ce sont les Crustacés les mieux organisés pour la nage. Quelques-uns se creusent des trous en forme d'entonnoir dans le sable et y capturent les petits animaux dont ils font leur proie, de même que les Fourmilions (Névroptère).

FAMILLE DES GALATHÉIDES.

Carapace ovale, striée en travers, très dure et très épaisse; abdomen développé, nageoire caudale grande; antennes internes avec deux fouets, les externes filiformes et sans écaille.

Genre Galathea (*Fabr.*), **Galathée.**

Article basilaire des antennes internes cylindrique, rostre saillant et épineux; les yeux gros et dirigés en dessous, pattes-mâchoires inférieures, assez longues.

non élargies à l'extrémité. — *G. strigosa* (pl. 7, fig. 5) (Linn.), G. striée; rostre triangulaire et armé de sept fortes dents spiniformes très avancées; bords latéraux de la carapace armés de fortes dents pointues; trois longues épines à l'extrémité antérieure du premier article des antennes externes: pattes antérieures longues, déprimées et très épineuses: abdomen sillonné en travers, mais sans épine; couleur rougeâtre, avec quelques lignes bleues brillant sur la carapace; longueur 10 centimètres. Méditerranée et océan Atlantique. — *G. rugosa* (Fabr.), G. rugueuse; rostre formé par une longue épine styliforme, à la base de laquelle naît de chaque côté une épine semblable mais moins longue; pattes antérieures très longues, grêles et cylindriques; pinces longues, faibles; pattes de la deuxième paire plus longues que celles de la troisième; couleur rougeâtre, poils jaunes; longueur 7 à 8 centimètres, côtes de France. — *G. squammifera* (Leach), G. porte-écailles: rostre court, large et armé de neuf dents spiniformes; dents des bords latéraux de la carapace fortes; pattes antérieures larges, aplaties, épineuses sur les bords et garnies en dessus de tubercules squammiformes; longueur 5 à 6 centimètres; couleur brun verdâtre. Méditerranée, océan Atlantique.

FAMILLE DES SCYLLARIENS

Carapace large et peu élevée; les yeux sont logés dans des orbites bien formées et assez éloignées de la ligne médiane; abdomen très épais et plus long que toute la portion antérieure du corps, y compris les antennes.

Genre Scyllarus (*Fabr.*), **Scyllare.**

Carapace plus longue que large ; bords latéraux parallèles, rostre très proéminent. — *S. arctus* (Kœrn.), S. ours (pl. 7, fig. 6) ; carapace garnie de tubercules squamiformes et armée sur la ligne médiane d'une série d'épines, dont les trois plus longues occupent la région dorsale ; antennes externes grandes et fortement dentées ; abdomen sculpté en dessus et présentant sur le bord postérieur de chaque anneau une échancrure médiane assez profonde ; pattes grêles ; longueur 8 à 10 centimètres ; couleur brune avec des lignes transversales rouges sur l'abdomen. Méditerranée.

FAMILLE DES PALINURIENS.

Corps plus ou moins allongé et cylindrique ; antennes externes très longues.

Genre Palinurus (*Fabr.*), **Langouste.**

Carapace avec une petite saillie en forme de rostre ; antennes internes avec les fouets très courts : antennes externes se touchant à la base. Par les mouvements du premier article des antennes externes, les Crustacés de ce genre produisent un bruit. — *P. vulgaris* (Lat.), L. commune ; carapace très épineuse ; abdomen presque entièrement lisse et présentant sur les quatre anneaux qui suivent le premier un sillon transversal profond et pilifère, interrompu sur la ligne médiane. Cette espèce est commune sur nos côtes et sa chair est très estimée ; sa couleur est d'un brun rouge ou violacé, tacheté de jaune; mais elle prend quelquefois une teinte verdâtre. Elle varie beaucoup de taille; elle peut atteindre 50 centimètres de longueur.

Nous empruntons au Dr Chenu les notes suivantes. Les Grecs désignaient les Langoustes sous le nom de κάραβος et les Latins sous celui de *Locusta*, d'où est évidemment dérivée la dénomination française de *Langouste*. Ces animaux se tiennent dans les profondeurs de la mer pendant l'hiver, et ne se rapprochent des rivages rocailleux et pierreux que dans les mois de mai, juin et juillet, pour déposer leurs œufs, très abondants, petits et d'un beau rouge, ce qui leur a fait donner vulgairement le nom de *corail*. La chair de la femelle, avant et durant la ponte, paraît être plus estimée que celle du mâle; ce dernier se reconnaît à un abdomen beaucoup plus étroit que celui de la femelle.

FAMILLE DES THALASSINIENS.

Carapace petite, avec deux sutures longitudinales et souvent une suture transversale dorsale. Pattes antérieures grosses, terminées par des pinces; abdomen très allongé, large et aplati, à bords latéraux peu prolongés.

Genre Callianassa (*Leach*), **Callianasse.**

Pédoncules oculaires presque lamelleux, et portant vers le tiers antérieur de leur face supérieure une partie cornée transparente, circulaire et presque plate; abdomen grand, un peu déprimé. — *C. subterranea* (Pl. 7, fig. 7) (Mont.), C. souterraine; doigt mobile de la grosse pince gros et obtus ; lame médiane de la nageoire caudale très large, mais beaucoup plus courte que les pièces latérales ; longueur 5 à 6 centimètres. Côtes de France.

Genre Axia (*Leach*), **Axie.**

L'abdomen est un peu renflé vers le milieu ; carapace comprimée, terminée antérieurement par un petit rostre triangulaire; pédoncules oculaires petits. — *A. stirhynchus* (pl. 7, fig. 8) (Leach), A. stirhynque ; doigt mobile des pinces antérieures cannelé ; lame médiane de la nageoire caudale creusée d'un petit sillon médian, bordé de chaque côté par quelques pointes. Longueur 8 centimètres. Côtes de France.

Genre Gebia (*Leach*), **Gébie.**

Carapace se terminant antérieurement par un rostre triangulaire, et assez large pour recouvrir presque entièrement les yeux; antennes internes courtes, antennes externes très grêles : abdomen long, beaucoup plus étroit à la base que vers le milieu. — *G. littoralis* (pl. 7, fig. 9) (*Desm.*), G. riveraine : une dent aiguë de chaque côté de la base du rostre ; pattes antérieures très velues ; deux crêtes longitudinales sur chacune des pièces latérales de la nageoire caudale ; la lame médiane large et légèrement bilobée au bout. Longueur 5 à 6 centimètres; couleur vert glauque. Océan, Méditerranée. — *G. stellata* (*Mont.*), G. étoilée ; espèce voisine de la précedente, plus petite. Mers de la Manche et du Nord.

FAMILLE DES ASTACIENS.

Corps peu déprimé ; carapace avec une suture transversale ; les quatre antennes sont insérées les unes près des autres.

Genre Astacus (*Fabr.*), **Écrevisse.**

Appendice frontal triangulaire ; dernier anneau thoracique mobile. — *A. fluviatilis* (pl. 7, fig. 10) (Rond.), E. commune ; rostre de la longueur du pédoncule des antennes externes, armé de chaque côté d'une dent plus ou moins forte ; carapace finement granulée. Pattes antérieures renflées et couvertes de petits tubercules. Il existe deux variétés de cette Écrevisse : dans l'une, le rostre se rétrécit graduellement dès sa base, et les dents latérales sont situées près de son extrémité ; dans l'autre, les bords latéraux du rostre sont parallèles dans leur moitié postérieure, et les dents latérales plus fortes et plus éloignées de son extrémité. Ces deux variétés se rencontrent dans les ruisseaux et rivières de France Elles ont reçu même des noms et sont considérées par certains auteurs comme des espèces nettement définies : l'*A. fluviatilis*, v. *torrentium*, et l'*A. fluvatilis*, v. *nobilis*. La première semble se rencontrer presque uniquement dans les courants rapides et dans les étangs qu'ils alimentent ; la variété *nobilis* semble être plus commune.

Nous avons déjà parlé plus haut de l'Écrevisse, de sa voracité ; que de choses n'y aurait-il pas encore à raconter sur ce Crustacé ! Nous empruntons à Th. Huxle les détails suivants dans son bel ouvrage sur l'Écrevisse. Les Écrevisses ont donné lieu à de curieuses fables ; ainsi à une certaine époque, les *yeux d'Écrevisse*, masses calcaires qui se trouvent à certain moment dans l'estomac de ces Crustacés, étaient recueillis en grande quantité et vendus comme remèdes, principalement contre la pierre. Leur valeur réelle est à peu près la même que celle de la craie et du carbonate de magnésie, puisqu'ils consistent presque exclusivement en carbonate, phosphate de chaux et matière animale.

C'était autrefois une croyance vulgaire que les Écrevisses sont en mauvais état à la nouvelle lune et deviennent grasses à la pleine lune.

Une légende disait encore que si un porc passait sous une voiture transportant des Écrevisses, tous ces Crustacés mouraient dans un bref délai.

Les Écrevisses peuvent atteindre un âge avancé, quinze ou vingt ans, mais il n'y a pas moyen de savoir combien de temps elles pourraient vivre, si on les protégeait des influences destructives auxquelles elles sont soumises.

Au fort de l'hiver il est rare de voir des Écrevisses dans les ruisseaux ; mais on peut les trouver en abondance dans les crevasses naturelles que présentent les rives, ou dans des terriers qu'elles se creusent elles-mêmes. Quand un ruisseau peuplé d'Écrevisses traverse un sol mou et tourbeux, ces animaux se creusent des passages dans toutes les directions et on peut en déterrer des milliers à une très grande distance des rives.

L'Écrevisse croît rapidement pendant la jeunesse, mais grossit ensuite de plus en plus lentement à mesure qu'elle avance en âge. Le jeune animal, en sortant de l'œuf, est d'une teinte grisâtre et d'environ 8 millimètres de long. A la fin de l'année, il peut avoir près de 4 centimètres de long; à deux ans, il a 7 centimètres et demi; à trois ans 9 centimètres et demi, et à cinq ans 13 centimètres environ. Pendant quelque temps après l'éclosion, les jeunes Écrevisses se cramponnent aux pattes natatoires de leur mère et sont transportées à l'abri de son abdomen.

Genre Homarus (*Edw.*), Homard.

Rostre grêle armé de chaque côté de trois ou quatre épines; écailles des antennes très petites; pinces de la première paire de pattes très développées, dernier anneau thoracique non mobile; lame médiane de la nageoire caudale à peine arrondie au bout. — *H. vulgaris* (Edw.), H commun; caractères du genre; couleur brun brunâtre; longueur jusqu'à 40 centimètres. Mers de France.

Le Homard nourrit une espèce de ver qui n'est ni un parasite ni un commensal, mais un mutualiste, d'après Van Beneden. Le Homard donne une place à cet animal, qui a nom Histriobdelle, et le promène; celui-ci se nourrit des œufs et des embryons de Homards qui meurent et qui pourraient, par leur décomposition, altérer les œufs sains. Chez l'*Astacus fluviatilis*, nous trouvons un ver analogue, l'*Astacobdella Ræseli*, qui remplit les mêmes fonctions. Chez l'Écrevisse se rencontre aussi un ver du même genre, l'*A. Abildgardi*, qui suce aux branches le sang de l'hôte; mais celui-ci est un véritable parasite.

Genre Nephrops (*Leach*), Nephrops.

Corps très allongé avec un rostre dentelé; première paire de pattes très longues avec des pinces prismatiques. — *N. norvegiacus* (pl. 7, fig. 11) (Lin.), N. norvégien; carapace pubescente, armée de quelques pointes sur la région dorsale et de trois lignes granuleuses sur la moitié postérieure; abdomen ayant l'apparence d'être sculpté, offrant en dessus des sillons transversaux et obliques de formes diverses, remplis d'un duvet serré; longueur 15 à 25 centimètres. Océan Atlantique, Méditerranée.

FAMILLE DES PALÉMONIENS.

Corps comprimé; carapace prolongée en un rostre en général très développé; antennes externes d'ordinaire insérées au-dessous des antennes internes, avec une grande lamelle recouverte de soies. Pattes-mâchoires de la deuxième paire lamelleuses, celles de la troisième paire presque semblables à des pattes proprement dites. Pattes grêles et longues, en général sans appendice flabelliforme; les deux paires antérieures portent en général une petite main didactyle.

Genre Crangon (*Fabr.*), Crevette.

Carapace très déprimée; yeux courts, gros et libres; pattes de la première paire fortes et terminées par une main aplatie; abdomen grand. — *C. vulgaris* (pl. 8, fig. 1) (Fabr.), C. grise; carapace et abdomen presque entièrement lisses; filets terminaux des antennes internes plus de deux fois aussi longs que leur pédoncule ; appendice lamelleux des antennes externes longs et allongés; lame médiane de la nageoire caudale pointue et sans sillon en dessus. Longueur de 4 à 6 centimètres. Mers de France. — *C. fasciatus* (Risso), C. fasciée; espèce petite et très voisine de la précédente; abdomen un peu gibbeux et rétréci brusquement vers le tiers postérieur; longueur 2 à 3 centimètres. Méditerranée. — *C. catrapactus* (Obr.), C. cuirassée; carapace armée de cinq à sept rangées de dents; abdomen sculpté. antennes internes très courtes, ne dépassant guère les pattes-mâchoires externes; pattes de la seconde paire très courtes. Méditerranée.

Genre Alpheus (*Fabr.*), Alphée.

Corps déprimé; rostre très petit et manquant même quelquefois; mandibules divisées en deux parties et pourvues d'un appendice palpiforme, court, large et aplati; abdomen grand. — *A. Edwardsii* (pl. 8, fig. 2) (Audouin), A. d'Edwards; rostre court; appendice lamelleux des antennes externes un peu dilaté en dedans vers le bout, et ne dépassant pas le pédoncule des antennes supérieures; longueur environ 4 centimètres. Méditerranée.

Genre Nika (*Risso*), Nika.

Rostre petit; antennes internes grêles et terminées par deux filets assez longs; pattes antérieures plus fortes que les suivantes, mais de longueur médiocre. — *N. edulis* (pl. 8, fig. 3) (Risso), Nika comestible; rostre légèrement infléchi, et à peu près de la longueur des yeux; une petite dent de chaque côté, sur le bord antérieur de la carapace, en dessous de l'insertion des yeux; lame médiane de la nageoire caudale creusée d'un sillon longitudinal et garnie en dessus de deux paires de petites épines; longueur 3 centimètres environ. Méditerranée.

Genre Athanas (*Leach*), Athanase.

Yeux peu saillants, mais cependant non recouverts par la carapace comme chez les Crustacés du genre *Alpheus;* antennes internes grandes, se terminant par trois filets multiarticulés; lames externes de la nageoire caudale présentant une articulation transversale. — *A. nitescens* (pl. 8, fig. 4) (Leach), A. luisant; rostre aigu, moins long que le pédoncule des antennes internes; une épine de chaque côté de la base, sur le bord antérieur de la carapace, lame médiane de la nageoire caudale portant sur sa face supérieure quatre épines: longueur 2 à 3 centimètres. Manche et mer du Nord.

Genre Gnathophyllum (*Latr.*), Gnathophylle.

Rostre court, comprimé et dentelé; antennes internes avec deux fouets très courts, les deux premières paires de pattes terminées par des pinces. — *G. elegans* (pl. 8, fig. 5) (Risso), G. élégant; carapace renflée; rostre oblique et armé en dessus de six à sept dents; pattes de la seconde paire un peu plus longues et plus grosses que celles de la première paire; lames terminales de l'abdomen ovalaires: longueur 4 à 5 centimètres. Méditerranée.

Genre Hippolyte (*Leach*), Hippolyte.

Rostre très développé, antennes internes petites et terminées seulement par deux filaments multiarticulés à peu près d'égale longueur, abdomen courbé vers le bas à partir du milieu. — *H. varians* (Leach), H. variable; rostre dépassant le pédoncule des antennes internes, droit, grêle et armé de deux dents en dessus; une petite épine de chaque côté de la base du rostre, au-dessus de l'insertion des yeux; pattes antérieures courtes, ne dépassant guère l'article basilaire des antennes externes; lame médiane de la nageoire caudale portant sur sa face supérieure deux paires de petites épines; longueur 6 à 7 millimètres. Manche et océan Atlantique. — *H. Prideauxiana* (Leach), H. de Prideaux; espèce voisine de la précédente, mais ayant le rostre simple avec une seule dent en dessous près de son extrémité. Manche. — *H. Desmaretii* (pl. 8, fig. 6) (Millet), H. de Desmaret; rostre droit lancéolé, garni en dessus de vingt-cinq à trente dents et en dessous de sept à huit; pattes des deux premières paires très courtes. Habite les eaux douces. — *H. viridis* (Otto), H. verdâtre, corps svelte; rostre droit, dépassant l'appendice lamelleux des antennes externes, sans dents en dessus, et armé de trois dents en dessous; pattes antérieures très courtes et assez grosses; lame médiane de la nageoire caudale garnie en dessus de deux paires d'épines; longueur 4 à 5 centimètres. Méditerranée, océan Atlantique. — *H. crassicornis* (Edw.), H. crassicorne, carapace arrondie en dessus; rostre très petit, assez élevé à sa base, mais prenant naissance tout près de l'insertion des yeux, bifide au bout et armé en dessus de deux ou trois dentelures; yeux grands; antennes internes grosses; lame médiane de la nageoire caudale ayant quatre paires d'épines sur la face supérieure; longueur, 5 millimètres. Mer de la Manche.

Genre **Pandalus** (*Leach*), **Pandale**.

Carapace ornée en avant d'un rostre très long, comprimé, relevé vers le bout et dentelé en dessus et en dessous; yeux gros et courts. — *P. narval* (Fabr.), P. narval; rostre plus long que la carapace et finement dentelé en dessus dans toute sa longueur; pattes longues et grêles, celles de la première paire dépassant beaucoup l'appendice lamelleux des antennes externes. Méditerranée.

Genre **Lysmata** (*Risso*), **Lysmate**.

Carapace pourvue d'un rostre allongé, comprimé et dentelé; antennes internes avec des fouets; les deux premières paires de pattes terminées par de petites pinces. — *L. seticauda* (pl. 8, fig. 7) (Risso), L. à queue soyeuse; rostre naissant vers le milieu de la carapace, un peu infléchi vers le bout, n'atteignant pas l'extrémité du pédoncule des antennes internes, et armé de six dents en dessus et deux en dessous; deux des filaments des antennes supérieures aussi longs que le corps; pattes de la seconde paire à peu près deux fois aussi longues que les précédentes et habituellement reployées en deux; longueur 5 centimètres; couleur rouge-brun, rayé longitudinalement de blanc. Méditerranée.

Genre Palemon (*Fabr.*), **Palemon.**

Corps peu comprimé et en général arrondi en dessus; rostre très développé, denté; mandibules avec des palpes triarticulés; antennes externes avec trois fouets; pattes de la deuxième paire plus fortes que celles de la première; abdomen grand, se rétrécissant graduellement vers le bout; lame médiane de la nageoire caudale triangulaire et moins longue que les lames latérales. — *P. serratus* (Penn.), P. scie; rostre dépassant de beaucoup l'appendice lamelleux des antennes externes; très relevé vers le bout et bifide à son extrémité; armé dans sa moitié supérieure de sept à huit dents; le filet des antennes supérieures très court, n'atteignant pas l'extrémité du rostre; longueur 9 à 10 centimètres. C'est la grosse Crevette rose ou bouquet si appréciée des gourmets. Côtes de France. — *P. squilla* (pl. 8, fig. 8) (Lin.), P. squille; espèce assez voisine de la précédente, mais ayant le rostre beaucoup moins long, ne dépassant pas l'appendice lamelleux des antennes externes; pattes de la seconde paire un peu plus longues et terminées par des pinces courtes; longueur 4 à 5 centimètres. Côtes de France. — *P. longirostris* (Edw.), P. long-nez; cette espèce ressemble à l'espèce précédente, mais s'en distingue par ses pattes beaucoup plus grêles et plus longues; celles de la dernière paire, lorsqu'elles sont reployées en avant, dépassent de beaucoup l'extrémité de l'appendice lamelleux des antennes externes. Océan Atlantique, embouchure de la Gironde. — *P. latreillianus* (Risso), P. de Latreille : voisin du *P. serratus*, dont il diffère cependant :

le corps est plus grêle; la crête tranchante, qui occupe le bord inférieur du rostre, descend bien moins bas. Longueur 5 centimètres. Méditerranée.

Genre Sicyonia (*Edw.*), **Sicyonie.**

Corps comprimé; carapace surmontée d'une crête médiane dentelée, et qui se continue en avant par un rostre assez long; yeux gros, cylindriques et à découvert; abdomen présentant divers sillons qui le font paraître comme sculpté. — *S. sculpta* (pl. 8, fig. 9) (Edw.). S. sculptée; rostre de la longueur du pédoncule des antennes supérieures; filet terminal des antennes inférieures grêle et cylindrique. Longueur 5 centimètres. Méditerranée.

Genre Penæus (*Fabr.*), **Pénée.**

Antennes internes portant à la base de la tige un petit appendice; mandibules avec des palpes très larges; pattes de la quatrième et de la cinquième paire monodactyles; fausses pattes de l'abdomen terminées par deux lames d'inégale grandeur; abdomen très grand et très comprimé. — *P. caramote* (pl. 8, fig. 10) (Rond.), P. caramote; rostre moins long que le pédoncule des antennes supérieures, un peu recourbé en haut, armé en dessus d'une douzaine de dents assez fortes, en dessous d'une seule située un peu au devant des yeux, yeux très gros et très courts; filets terminaux des antennes supérieures très petits, moins longs que les deux derniers articles du pédoncule; lame médiane de la nageoire caudale armée à son extrémité de trois épines dont la médiane est la plus forte. Longueur 10 à

12 centimètres. Méditerranée. — *P. membranaceus* (Risso), P. membraneux ; carapace légèrement carénée dans toute sa longueur ; rostre un peu relevé, lamelleux, très court, armé en dessus de cinq ou six dents : yeux gros et courts ; filets terminaux des antennes supérieures beaucoup plus longs que la carapace ; pattes courtes ; lame médiane de la nageoire caudale allongée et armée d'une paire d'épines latérales près de sa pointe ; longueur 7 à 8 centimètres. Méditerranée.

Genre **Pasiphæa** (*Savigny*), **Pasiphée.**

Corps aplati latéralement ; rostre court ou même rudimentaire ; carapace beaucoup plus étroite en avant qu'en arrière ; mandibules larges et épaisses dépourvues de palpes ; les deux premières paires de pattes plus longues et plus fortes que les suivantes, terminées par des pinces ; toutes les paires avec un appendice flabelliforme. — *P. sivado* (pl. 9, fig. 1) (Risso), P. sivado ; rostre aigu, légèrement courbé et infléchi vers la pointe ; lames de la nageoire caudale égales, longueur 3 à 4 centimètres. Méditerranée.

2e SOUS-ORDRE DES STOMAPODES.

Ce sont des Crustacés de forme allongée, à carapace courte ne recouvrant pas les anneaux thoraciques, pourvus de cinq paires de pattes buccales, de trois paires de pattes fourchues et de branchies en touffes sur les pattes de l'abdomen, qui est très développé. Chez certains Stomapodes cependant, elles sont réduites à un état rudimentaire, et chez d'autres on ne voit rien qui puisse être reconnu comme un organe de respiration. On considérait autrefois comme espèces certains Crustacés de ce groupe sous les noms de genre *Leucifer*, *Phyllosoma*, *Alima*, *Erichtus* et *Squillerichtus*; il est reconnu aujourd'hui que ces Crustacés n'étaient autres que des formes larvaires: les deux premiers genres, *Leucifer et Phyllosoma*, ne contenaient que des larves de *Scyllarus* et de *Palinurus*; quant aux autres, ce sont des formes larvaires de Squillides.

Division par familles et par genres.

FAMILLE DES MYSIENS.

Pas d'appendices branchiaux sur les pattes thoraciques.

MYSIS......... Corps étroit et allongé.

FAMILLE DES THYSANOPODIENS.

Appendices branchiaux sur les pattes thoraciques.

THYSANOPODA... Rostre très développé.

FAMILLE DES SQUILLIDES.

Bouclier dorsal divisé en trois lobes.

SQUILLA........ Caractère de la famille.

FAMILLE DES MYSIENS.

Pattes caudales de la femelle rudimentaires: pas d'appendices branchiaux sur les pattes thoraciques; anneaux thoraciques antérieurs soudés avec le bouclier dorsal; carapace présentant un rostre rudimentaire; abdomen de longueur médiocre.

Genre Mysis (*Latr.*), Mysis.

Corps étroit et allongé; la carapace recouvre l'extrémité antérieure du tronc, ainsi que la majeure partie du thorax; yeux gros, courts; mandibules fortement dentées; tarses des six paires de pattes multiarticulés; quatrième paire de pattes abdominales, chez le mâle, prolongée en stylet et dirigée en arrière. — *M. spinulosus* (Leach), M. spinuleux; rostre déprimé et triangulaire, et n'ayant qu'environ le tiers de la longueur des pédoncules oculaires; lame médiane de la mâchoire caudale garnie sur les bords latéraux, et profondément échancrée au bout. Longueur 2 centimètres environ; couleur brunâtre, avec une petite étoile au milieu de chacun des anneaux de l'abdomen. Manche et océan Atlantique. — *M. longicornis* (pl. 9, fig. 2) (Edw.), M. longicorne; rostre très court; antennes internes longues, leur pédoncule grêle et très allongé; lame médiane de la nageoire caudale ciliée plutôt qu'épineuse sur les côtés, se rétrécissant graduellement vers le bout, et terminée par une pointe obtuse. Longueur 1 centimètre et demi environ. Méditerranée. — *M. frontalis* (Edw.), M. frontal; rostre grand et dépassant notablement les pédoncules oculaires; pédoncules des antennes externes grêles et très longs; lames de la nageoire caudale diminuant graduellement de largeur depuis leur base jusqu'à leur extrémité. Méditerranée. — Nous tenons de M. H. Gadeau de Kerville la description d'une nouvelle espèce de *Mysis*, la *M. Kervillei*, que M. Sars, professeur à l'université de Christiania, vient de donner : corps moins allongé que dans la plupart des autres espèces; partie antérieure de la carapace à peine plus étroite que le premier segment caudal; bord frontal s'avançant au milieu en un angle presque droit. Yeux assez courts; partie terminale des pattes divisée en sept articulations, la dernière en forme de griffe très mince; telson allongé, s'amincissant en arrière, avec l'extrémité échancrée en son milieu et l'échancrure très droite dans sa partie antérieure. Cette espèce a été rencontrée par M. H. Gadeau de Kerville dans l'estuaire de la Seine.

FAMILLE DES THYSANOPODIENS.

Des appendices branchiaux sur les pattes thoraciques.

Genre Thysanopoda (*Edw.*), Thysanopode.

Carapace recouvrant la tête et cachant ainsi le thorax; rostre pointu qui n'atteint pas le niveau des yeux; sept paires de pattes bien développées; avant-dernière paire plus petite que les précédentes, parfois composée seulement de quatre articles. — *T. tricuspidata* (pl. 9, fig. 3) (Edw.), T. tricuspide; caractères du genre; longueur 3 à 4 centimètres. Océan Atlantique.

FAMILLE DES SQUILLIENS.

Bouclier dorsal divisé en trois lobes par deux sillons longitudinaux; région céphalique antérieure mobile.

Genre Squilla (*Rond.*), Squille.

Bouclier dorsal rétréci en avant, laissant libres au moins les quatre anneaux thoraciques postérieurs; abdomen à surface cannelée; appendices des trois dernières pattes thoraciques grêles, cylindriques et allongés; griffes des grandes pattes ratisseuses avec de grands crochets; abdomen s'élargissant en arrière. — *S. mantis* (pl. 9, fig. 4) (Rond.), S. mante: carapace très élargie et allongée postérieurement; ses ongles antérieurs spiniformes, mais peu saillants; griffes armées de six dents, y compris la pointe terminale; abdomen s'élargissant vers le bout, et présentant en dessus huit rangées longitudinales de petites crêtes saillantes; couleur gris jaunâtre très pâle. Longueur 16 à 20 centimètres. Méditerranée. — *S. Desmaretii* (Risso), S. de Desmarest; carapace moins rétrécie en avant que dans l'espèce précédente, et offrant à peine quelques traces de crête longitudinale; griffe armée de cinq dents; abdomen lisse et bombé au milieu; longueur 8 à 10 centimètres; couleur jaunâtre, piquetée de brun, quelquefois d'un rose tendre.

Ces Crustacés sont nommés vulgairement *Mantes de mer*, *Prégadious*, etc., à cause de la ressemblance de leur grande paire de pattes avec les pattes antérieures de l'Orthoptère, la *Mantis religiosa*.

ORDRE DES ÉDRIOPHTHALMES.

Ce sont des Crustacés à yeux latéraux sessiles, d'ordinaire avec sept anneaux thoraciques séparés, plus rarement six ou moins encore et un nombre correspondant de paires de pattes. La tête porte quatre antennes, deux mandibules, deux paires de mâchoires et une paire de pattes-mâchoires ou mâchoires accessoires. Le bouclier céphalo-thoracique est suivi d'ordinaire de sept anneaux thoraciques libres, portant un égal nombre de paires de pattes, disposées pour ramper ou nager. L'abdomen qui fait suite au thorax comprend le plus souvent six anneaux portant des pattes et un anneau terminal représenté par une lamelle simple ou bifide, qui est dépourvue de pattes. Le nombre des anneaux de l'abdomen et des paires de pattes peut parfois être plus petit; l'abdomen, en outre, peut même parfois être réduit à un court appendice inarticulé. Les mâles, dit Claus, se distinguent fréquemment des femelles par la transformation de certaines parties de leurs membres en crampons et par le développement plus considérable des filaments des antennes antérieures.

Nous partagerons les Édriophthalmes en deux sous-ordres principaux : 1° les Amphipodes; 2° les Isopodes.

SOUS-ORDRE. — AMPHIPODES.

Corps comprimé latéralement; abdomen allongé.

1re DIVISION. — CREVETTINES.

Antennes longues, multiarticulées.

2e DIVISION. — HYPÉRINES.

Tête avec des yeux volumineux.

3e DIVISION. — LÉMODIPODES.

Pattes terminées par des griffes.

SOUS-ORDRE. — ISOPODES.

Corps larges, sept anneaux thoraciques.

1re DIVISION. — ISOPODES MARCHEURS.

Pattes pouvant servir pour la marche.

2e DIVISION. — ISOPODES NAGEURS.

Abdomen se terminant par une grande nageoire.

SOUS-ORDRE DES AMPHIPODES.

Ce sont des Édriophthalmes à corps comprimé latéralement, présentant sept, rarement six anneaux thoraciques libres, des branchies sur les pattes thoraciques et un abdomen allongé, exceptionnellement rudimentaire, dont les trois anneaux antérieurs portent un égal nombre de paires de pattes natatoires, et les trois anneaux postérieurs autant de paires de pattes dirigées en arrière. Les Amphipodes sont des Crustacés qui n'atteignent pas une grande taille et qui se meuvent dans l'eau soit en nageant, soit en sautant ; ils vivent dans l'eau douce et dans l'eau salée.

Première division. — CREVETTINES.

FAMILLE DES CREVETTINES SAUTEUSES.

Pattes des deux dernières paires très longues et recourbées en arrière.

TALITRUS ...... Seconde paire de pattes plus petites que celles de la première paire.

ORCHESTIA... .. Première et seconde paire de pattes terminées par une main préhensile.

LYSIANASSA..... Seconde paire de pattes grêles.

ALIBROTUS.... . Antennes très longues.

ISŒA.......... Pattes préhensiles.

AMPHITOE....... Main préhensile à la deuxième paire de pattes.

GAMMARUS...... Griffes mobiles aux deux premières paires de pattes.

FAMILLE DES CREVETTINES MARCHEUSES.

La portion postérieure du corps de ces crustacés ne constitue pas un organe de saut.

PODOCERUS...... Pattes de la seconde paire plus grandes que celles de la première.

COROPHIUM...... Main préhensile à la première paire de pattes.

Deuxième division. — HYPÉRINES.

FAMILLE DES VIBILIDES.

Tête et yeux de grosseur médiocre

VIBILIA......... Les deux premières paires de pattes munies de griffes.

FAMILLE DES HYPÉRIDES.

Tête presque entièrement remplie par les yeux.

HYPERIA........ Les deux premières paires de pattes munies d'une main prehensile peu développée.

PHROSINA....... Cinquième paire de pattes fortes.

PHRONIMA...... Cinquième paire de pattes avec une pince puissante.

PHRONIMELLA ... Cinquième paire de pattes avec une main préhensile allongée.

FAMILLE DES PLATYSCÉLIDES.

TYPHIS......... Troisième et quatrième paire de pattes très longues.

ETRAPHYRUS.... Deuxième paire de pattes avec des pinces.

Troisième division. — LÉMODIPODES.

FAMILLE DES CAPRELLIENS.

Corps droit, linéaire.

CAPRELLA....... Tête renflée en avant.

LEPTOMERA..... Première paire de pattes terminées par une main préhensile.

FAMILLE DES CYAMIENS.

CYAMUS... ..... Caractères de la famille.

Première division. — CREVETTINES.

Amphipodes à tête petite, à yeux considérables et à pattes-mâchoires multiarticulées ayant la forme de pattes locomotrices ; les deux paires d'antennes sont longues, multiarticulées et plus grandes chez le mâle que chez la femelle.

FAMILLE DES CREVETTINES SAUTEUSES.

Corps comprimé latéralement, pattes des deux dernières paires très longues et recourbées en arrière sur les côtés de l'abdomen ; les quatre derniers anneaux du corps sont peu mobiles, et forment, avec les trois paires de membres qu'ils supportent, une espèce de queue stylifère qui se replie sur le thorax. Les Crustacés nagent couchés sur le flanc ; hors de l'eau, ils marchent difficilement, mais ils sautent avec force.

Genre Talitrus (*Latr.*), Talitre.

Antennes antérieures rudimentaires ; pattes-mâchoires dépourvues de crochet terminal ; les antennes postérieures et les pattes antérieures plus développées chez le mâle. — *T. saltator* (pl. 9, fig. 5) (Mont.), T. sauteur ; antennes postérieures longues ; yeux circulaires ; pattes de la première paire grandes et épineuses ; pattes de la seconde paire plus petites, faibles et habituellement reployées sur le corps ; sixième segment abdominal rudimentaire. Longueur 4 centimètres. Mer du Nord, Manche, océan Atlantique. — *T. Beaucoudrayi* (Edw.), T. de Beaucoudray ; espèce voisine de la précédente, mais en différant par la forme des quatre pattes antérieures de la seconde paire un peu plus courtes que chez *T. saltator*. Manche.

Genre **Orchestia** (*Leach*), **Orchestie**.

Les pattes de la première et de la seconde paire sont terminées par une main préhensile, grande et forte dans la deuxième paire chez le mâle. — *O. littorea* (pl. 9, fig. 6) (Mont.), O. littorale; antennes supérieures grêles; pattes de la première paire petites; pattes de la seconde paire grandes; abdomen lisse en dessus, et terminé par une petite lame épaisse, dont les bords sont arrondis et épineux. Longueur 1 à 2 centimètres. Mer du Nord, océan Atlantique. — *O. Montagui* (Aced.), O. de Montagu; espèce voisine de la précédente, dont elle diffère par la brièveté des antennes supérieures; la griffe est armée d'un gros tubercule pointu, ou dent, vers le milieu de son bord interne. Méditerranée.

Genre **Lysianassa** (*Edw.*), **Lysianasse**.

Pattes de la première paire courtes et n'offrant pas de dilatation à leur extrémité; pattes de la seconde paire très grêles. Les espèces de ce genre vivent sur certaines algues marines. — *L. Costæ* (Edw.), L. de Costa; antennes supérieures très courtes, mais à peu près de la longueur des inférieures; yeux grands et réniformes; pattes de la première paire assez fortes et terminées par un article conique; abdomen régulièrement arqué; longueur 5 millimètres environ. Méditerranée. — *L. atlantica* (Edw.), L. atlantique; antennes postérieures presque aussi longues que le corps, ayant leur pédoncule court, renflé et très poilu; antennes antérieures courtes, très poilues; yeux renfoncés et très grands; pattes de la première paire presque cylindriques; celles de la seconde paire filiformes et reployées sous le thorax; abdomen terminé par une lame bilobée; longueur 5 à 6 millimètres. Océan Atlantique. — *L. longicornis* (Luc.) (pl. 9, fig. 8), L. à longues cornes; antennes supérieures assez allongées; antennes inférieures plus longues que le corps; yeux grands et réniformes; abdomen terminé par une lame creusée en cuiller et formant une pointe arrondie postérieurement. Méditerranée.

Genre Alibrotus (*Edw.*), Alibrote.

Se distingue surtout du genre précédent par la longueur considérable des antennes. — *A. chausaicus*.(Edw.), A. des îles Chausay; corps allongé; front armé d'un petit prolongement pointu; yeux petits et circulaires. Longueur 6 à 8 millimètres. — Manche.

Genre Isæa (*Edw.*), Isée.

Les deux premières paires de pattes et les cinq suivantes sont préhensiles, car toutes sont terminées par un article aplati et tronqué au bout, contre le bord duquel s'infléchit une griffe terminale. — *I. Montagui* (pl. 9, fig. 7) (Edw.), I. de Montagu; caractères du genre. Longueur, 18 à 15 millimètres. Manche.

Genre Amphitoe (*Leach*), Amphitoe.

Antennes sensiblement de même longueur; deuxième paire de pattes plus longue et plus forte que la première, terminée par une main préhensile. — La grandeur des espèces de ce genre varie de 15 à 25 millimètres. *A. Jurinii* (Edw.) (pl. 9, fig. 9), A. de Jurine; pédoncule des antennes antérieures moins long que celui des antennes postérieures et composé de trois articles dont la longueur diminue progressivement; yeux ovalaires; thorax lisse sur les côtés; pattes des deux premières paires à peu près de la même longueur; abdomen terminé par une petite lame triangulaire, obtuse au bout. Manche. — *A. armorica* (Edw.), A. armorique; antennes antérieures beaucoup plus courtes que les postérieures, ces dernières n'étant guère plus longues que la moitié du corps; yeux à peu près circulaires; côtés du thorax lisses; abdomen terminé par deux petits stylets conibues. Océan Atlantique, côtes de la Bretagne. — *A. Swammerdamii* (Edw.), A. de Swammerdam; les deux premiers articles du pédoncule des antennes supérieures à peu près de même longueur; yeux allongés et irrégulièrement ovalaires; côtés du thorax lisses. Le quatrième segment de l'abdomen présente sur la partie médiane de son bord postérieur un prolongement spiniforme assez fort et un peu recourbé en bas. Océan Atlantique, côtes de la Bretagne. — *A. Marionis* (Edw.), A. de Marion; front armé d'un petit rostre obtus, comprimé et caché entre les antennes; yeux grands et ovalaires; le sixième anneau de l'abdomen est armé d'épines et se termine par deux longues lames lancéolées et très aiguës; couleur jaune pâle piqué de blanc. Océan Atlantique, côtes de la Bretagne.

Genre Gammarus (*Fabr.*), **Crevette des ruisseaux.**

Antennes grêles, filiformes; les deux premières paires de pattes terminées par des griffes mobiles; les trois derniers anneaux de l'abdomen munis sur le bord postérieur de courtes épines; lamelle caudale divisée. — *G. locusta* (pl. 9, fig. 10) (Mont.), C. locuste, antennes à peu près de même taille, yeux grands, ovalaires et un peu réniformes; les trois premiers anneaux de l'abdomen, lisses en dessus, supportent de fausses pattes natatoires très allongées; les trois anneaux suivants changent de sens, se dirigent en bas, diminuent progressivement de grandeur et présentent à leur partie supérieure, près du bord postérieur, un petit faisceau d'épines; couleur jaune grisâtre pâle. Longueur 15 millimètres environ. Côtes de France. — *G. fluviatilis* (pl. 9, fig. 11) (Ros.), C. des ruisseaux; cette espèce est voisine de la précédente, mais elle a les antennes antérieures plus longues; yeux ovalaires à peine réniformes, une rangée de petites épines sur la portion dorsale du bord postérieur des trois derniers anneaux de l'abdomen; se rencontre dans les eaux douces de France. — *G. marinus* (Leach), C. marine; espèce très voisine de la précédente; le filament accessoire des antennes antérieures est plus long. Côtes de France. — *G. pulex* (L.), C. puce; ressemble beaucoup à *G. fluviatilis;* l'abdomen est lisse; pédoncule des antennes antérieures ne dépassant pas le troisième article du pédoncule des postérieures; anneau caudal représenté aussi par deux petits articles styliformes. Eaux douces de France. — *G. Impostii* (Edw.), C. d'Impost; corps élancé; antennes antérieures beaucoup plus longues que les postérieures; filet terminal accessoire presque aussi long que le filet principal; premier article des pattes postérieures à peine élargi en arrière; abdomen terminé par deux stylets cylindriques assez longs. Océan Atlantique. — *G. Sabinii* (Leach), C. de Sabine; dos élevé et comprimé de façon à présenter tout le long de la ligne médiane une crête tranchante qui ressemble, lorsque le corps est courbé, à une scie à grosses dents; côtés du corps lisses; antennes à peu près de même longueur; abdomen terminé par une petite lame horizontale arrondie au bout. Océan Atlantique, côtes de la Bretagne. — *G. Savii* (Edw.), C. de Savi; antennes antérieures plus grandes que les postérieures; pattes de la première paire beaucoup plus petites que celles de la seconde et terminées par une griffe rudimentaire; le quatrième anneau de l'abdomen est armé en arrière d'un prolongement épineux assez grand, qui avance sur le segment suivant et occupe la ligne médiane; les autres anneaux de l'abdomen parfaitement lisses; le corps est terminé postérieurement par une petite lame horizontale qui représente l'anneau caudal. Océan Atlantique. — *G. podager* (Edw.), C. podagre; antennes antérieures un peu plus longues que les postérieures; pattes de la première paire très peu élargies vers le bout; avant-dernier article des pattes de la seconde paire très grand, d'une forme anguleuse et armé d'épines sur le bord antérieur; les quatre premiers anneaux de l'abdomen présentent en dessus, vers la partie médiane, deux ou trois épines assez fortes; abdomen terminé par deux articles coniques. Océan Atlantique, côtes de la Bretagne. — *G. brevicaudatus* (Edw.), C. à queue courte; antennes antérieures plus grandes que les postérieures; pattes de la première paire courtes, grêles et à peine élargies vers l'extrémité; pattes de la seconde paire très grandes chez le mâle;

les trois derniers segments de l'abdomen sont petits et sans épines en dessus; abdomen terminé par deux petites lames, obtuses au bout. Océan Atlantique. — *G. Dugesii* (Edw.), C. de Dugès; pattes de la première paire à peine élargies vers le bout, et la griffe qui les termine assez courte; pattes de la seconde paire terminées par une main préhensile très grande; quatrième article de l'abdomen se prolongeant postérieurement pour former une petite apophyse spiniforme dirigée en arrière et en bas. Océan Atlantique, côtes de Bretagne.

FAMILLE DES CREVETTINES MARCHEUSES.

Corps grêle, demi-cylindrique, non comprimé latéralement; la portion postérieure du corps ne constitue pas un organe de saut, et lorsque ces Crustacés se trouvent sur le sol, ils marchent, au lieu de sauter comme les espèces de la famille précédente; ils nagent sur le ventre.

Genre Podocerus (*Leach*), **Podocère.**

Antennes supérieures se terminant par une tige multiarticulée, grêle et très courte; yeux placés sur un lobe saillant de la tête; pattes de la seconde paire beaucoup plus grandes que celles de la première paire. — *P. variegatus* (Leach), P. varié; antennes supérieures plus courtes que celles de la seconde paire; pattes de la première paire très petites; pattes de la troisième paire plus courtes que celles de la quatrième; une dent médiane sur le bord postérieur du dernier anneau thoracique et du premier anneau abdominal. Longueur

3 à 4 millimètres. Manche. — *P. pulchellus* (Leach), P. mignon; antennes supérieures à peu près de même longueur que les inférieures; pattes de la quatrième paire plus petites que celles de la troisième. Manche.

Genre Corophium (*Latr.*), **Corophie.**

Corps allongé, étroit et presque cylindrique; yeux petits; antennes antérieures terminées par un fouet multiarticulé; antennes inférieures épaisses; la paire de pattes antérieures ayant seule une main préhensile. — *C. longicorne* (pl. 9, fig. 12) (Fabr.), C. longicorne; caractères du genre; pattes garnies de poils; les mâles sont plus grands que les femelles, et ont les antennes plus longues que ces dernières. Longueur 2 à 3 centimètres. Mer du Nord, Manche, océan Atlantique.

Deuxième division. — HYPÉRINES.

Ce sont des Amphipodes à tête grande, renflée, avec des yeux volumineux, d'ordinaire un œil sur le sommet de la tête et des yeux latéraux, et une paire de pattes-mâchoires trilobées formant une lèvre inférieure. Les antennes sont tantôt très courtes et rudimentaires, tantôt volumineuses et allongées chez le mâle en un fouet multiarticulé. Les appendices caudaux sont tantôt lamelleux, tantôt styliformes. Les Crustacés de cette division vivent principalement dans les sources et nagent avec rapidité.

FAMILLE DES VIBILILES.

Corps semblable à celui des *Gammarus;* antennes courtes et renflées; têtes et yeux médiocres.

Genre Vibilia (*Edw.*), **Vibilie.**

Article terminal des antennes antérieures très courtes fortement renflé; les deux paires de pattes antérieures munies de griffes; pattes suivantes grêles et cylindriques; l'extrémité postérieure du corps donne attache à une petite lame horizontale impaire et arrondie. — *V. mediterranea* (Ces.), V. de la Méditerranée; caractères du genre; cette espèce se rencontre dans les Alpes. Longueur de 3 à 6 millimètres. — *V. Jeangerardii* (Luc) (pl. 10, fig. 1), V. de Jeangerard; pattes lisses, l'avant-dernier article étant légèrement arqué; le corps, ainsi que les pattes, est parsemé de petits points rougeâtres et arrondis. Méditerranée.

FAMILLE DES HYPÉRIDES.

Tête sphérique presque entièrement remplie par les yeux, les deux paires soutenues avec une tige multi-articulée et un long fouet chez le mâle; cinquième paire de pattes d'ordinaire semblable à la sixième et à la septième avec une griffe puissante.

Genre Hyperia (*Latr.*), **Hypérie.**

Les deux paires d'antennes chez la femelle sensiblement courtes, chez le mâle munies d'un long fouet multiarticulé; les deux paires de pattes antérieures grêles et munies d'une main préhensile peu développée; le quatrième anneau de l'abdomen est brusquement recourbé en bas, et les deux suivants sont peu développés et soudés entre eux. — *H. Latreillei* (Edw.) (pl. 10, fig. 2), H. de Latreille; article terminal des antennes styliforme et sans divisions annulaires; antennes inférieures de la longueur des supérieures et de la même forme; lame terminale de l'abdomen triangulaire, mais obtuse au bout; longueur 15 millimètres environ; couleur brunâtre. Mer du Nord, Manche, océan Atlantique. Le mâle de cette espèce a été nommé par H. Milne-Edwards *Lestrigonus edulans* (Kr.).

Genre **Phrosina** (*Risso*), **Phrosine.**

Antennes antérieures triarticulées; la cinquième paire de pattes puissante et terminée comme les deux précédentes et la suivante par une main préhensile; — *P. nicæensis* (pl. 10, fig. 3) (Edw.), P. de Nice; caractères du genre; troisième anneau de l'abdomen légèrement tricaréné en dessus; appendices abdominaux des trois dernières paires arrondis postérieurement; longueur 2 à 3 centimètres. Méditerranée.

Genre **Phronima** (*Latr.*), **Phronime.**

Antennes antérieures de la femelle biarticulées; cinquième paire de pattes terminée par une pince puissante; abdomen presque aussi long que le thorax, les trois premiers anneaux sont étroits et allongés. — *P. sedentaria* (pl. 10, fig. 4) (Forsk.), P. sédentaire; corps presque transparent; antennes courtes et formées de deux articles dont le dernier est fort petit; pattes des deux premières paires comprimées; les dernières pattes sont plus petites et plus faibles que celles de la sixième paire; longueur de 8 à 10 millimètres. Méditerranée. La femelle et sa progéniture vivent dans l'intérieur des pyrosomes (Tuniciers).

Genre Phronimella (*Cls.*), Phronimelle.

La cinquième paire de pattes terminée par une main préhensile allongée; troisième paire de pattes très longue. — *P. elongata* (Cls.), P. allongée; caractères du genre. Océan Atlantique et Méditerranée.

FAMILLE DES PLATYSCÉLIDES.

Les deux paires d'antennes sont cachées sous la tête, les antérieures petites, fortement renflées chez le mâle. avec un fouet court, grêle et composé d'un petit nombre d'articles; les antennes postérieures chez le mâle très grandes, repliées trois ou quatre fois en zigzag, chez la femelle courtes et droites, parfois même absentes; abdomen fréquemment plus ou moins replié sous le thorax.

Genre Typhis (*Risso*), Typhis.

Corps large et ramassé; tête arrondie; antennes postérieures de la femelle courtes, à quatre articles; abdomen grêle, très court et se repliant complètement. — *T. ovoïdes* (pl. 10, fig. 5) (Risso), T. ovoïde; caractères du genre; pattes de la troisième et de la quatrième paire très longues; lames terminales des derniers appendices abdominaux lancéolées; longueur 10 à 12 millimètres. Méditerranée.

Genre Tetraphyrus (*Cls.*), **Tetraphyre.**

Les deux paires antérieures de pattes sont terminées par des pinces. — *T. forcipatus* (Cls.), T. à pinces; caractères du genre. Océan Atlantique.

Troisième division. — LÉMODIPODES.

Ce sont des Amphipodes à paire de pattes antérieures située sous la gorge et à abdomen rudimentaire. Les pattes sont terminées par des griffes.

FAMILLE DES CAPRELLIENS.

Corps droit et linéaire; les quatre antennes sont bien développées; les pattes sont longues et grêles. Ces animaux vivent sur les colonies d'Hydroïdes ou de Bryozoaires.

Genre Caprella (*Lam.*), **Chevrolle.**

Tête renflée en avant et se rétrécissant graduellement vers sa partie postérieure; yeux petits et circulaires; les pattes de la première paire s'insèrent très près de la bouche. — *C. linearis* (pl. 10, fig. 6) (Lin.), C. linéaire; tête allongée, arrondie en dessus; antennes de longueur médiocre, les inférieures assez fortement ciliées, les trois derniers segments du thorax gibbeux et armés, chez le mâle, de deux petites dentelures; l'avant-dernier article des pattes postérieures élargi et armé d'une petite dent vers la base du bord interne; longueur 1 centimètre et demi environ. Manche. — *C. acuminifera* (Leach), Ch. porte-pointes; tête ovalaire, courte et arrondie en dessus; antennes longues et à peine ciliées; pattes de la seconde paire très poilues, griffe courte et tronquée au bout; longueur un demi-centimètre. Manche. — *C. phasma* (Mot), C. phasme; tête surmontée d'une pointe; deux dents semblables sur la ligne médiane du premier article du thorax et une quatrième à la partie antérieure de l'anneau suivant; le reste du thorax à peu près lisse. Mer du Nord, Manche.

Genre Leptomera (*Latr.*), Leptomère.

Pattes à tous les anneaux du thorax; mandibules portant des palpes; paire de pattes antérieures terminée par une main préhensile. — *L. pedata* (pl. 10), fig. 7 (Mull.), L. pédiaire; antennes supérieures très longues; les inférieures très courtes; pattes de la cinquième paire très courtes; longueur 8 à 10 millimètres. Mer du Nord.

FAMILLE DES CYAMIENS.

Corps large et aplati; abdomen rudimentaire; antennes épaisses, composées d'un petit nombre d'articles; antennes postérieures très petites.

Les Crustacés de cette famille vivent en parasites sur la peau des Cétacés.

Genre Cyamus (*Lam.*), Cyame.

Cinq paires de pattes terminées par des griffes au

thorax; troisième et quatrième anneau thoracique avec deux longs tubercules branchiaux et pas de pattes; la longueur de ces Crustacés varie de 8 à 10 millimètres. — *C. erraticus* (Rous.), C. errant; corps peu élargi; appendices branchiaux simples et pourvus à leur base de deux appendices inégaux et pointus. Cette espèce vit errante sur les nageoires et autour des parties génitales de la baleine. — *C. ovalis* (pl. 10, fig. 8) (Latr.), C. ovale; corps très élargi; quatre paires d'appendices branchiaux chez les deux sexes; cette espèce vit agglomérée sur les éminences cornées de la tête des Baleines. — *C. gracilis* (Rous.), C. grêle; corps petit, oblong et plus étroit que dans les espèces précédentes; appendices branchiaux simples et ayant chacun à sa base deux appendices très courts. Ce Crustacé se tient sur la tête des Baleines.

SOUS-ORDRE DES ISOPODES.

Ce sont des Crustacés à corps large, dit Claus, plus ou moins bombé, avec sept anneaux thoraciques libres; l'abdomen est le plus souvent réduit, et composé d'anneaux courts, dont les pattes lamelleuses fonctionnent comme des branchies. Les Isopodes vivent en partie dans la mer, en partie dans l'eau douce, en partie sur la terre. Ils se nourrissent de matières animales. Un grand nombre sont parasites, principalement sur la peau et dans les cavités buccale et branchiale des poissons, ou dans la chambre branchiale des Crevettes.

DIVISION PAR FAMILLES ET PAR GENRES

Première division. — ISOPODES MARCHEURS

Dernières fausses pattes styliformes, ne constituant pas de nageoires caudales lamelleuses.

FAMILLE DES IDOTÉIDES.

Appendice des dernières fausses pattes très grands.

IDOTEA........ Abdomen garni en dessous de deux lames en forme d'opercules.

ANTHURA...... Abdomen garni en dessous de quatre lames foliacées.

FAMILLE DES TANAIDES.

Pattes de l'abdomen biramées.

APSEUDES..... Antennes de la première paire courtes avec un filet.

RHOEA........ Antennes dè la première paire longues avec deux filets.

TANAIS. ...... Antennes courtes sans filet.

FAMILLE DES ASELLIDES.

Corps sensiblement aplati.

LIMNORIA...... Lamelle caudale en forme de demi-cercle.

ASELLUS....... Première paire de pattes avec une main préhensile.

JOERA .... Pattes grêles terminées par des griffes.

FAMILLE DES ONISCINES.

Appendices caudaux styliformes.

LIGIA......... Appendice caudal long avec deux branches.

LYGIDIUM...... Article basilaire de l'appendice caudal fourchu.

ONISCUS... ... Appendice caudal dirigé en dehors.

PORCELLIO..... Antennes externes avec sept articles.

TRICHONISCUS.. Antennes externes avec six articles ; le pénultième est grêle et cylindrique.

PLATYARTHRUS. Antennes externes avec six articles ; le pénultième est large et aplati.

FAMILLE DES ARMADILLIENS.

Corps fortement bombé.

ARMADILLO.... Corps elliptique.

Deuxième division. — ISOPODES NAGEURS

FAMILLE DES PRANISIENS.

Cinq paires de pattes terminées par des crochets.

PRANIZA....... Dernier article de l'abdomen triangulaire.

FAMILLE DES SPHÆROMIDES.

Pattes terminées par un angle très court.

SPHÆROMA..... Abdomen bombé, pattes courtes.
CYMODOCEA.... Bords latéraux du corps presque parallèles.
NŒSEA....... Corps terminé par deux espèces de cornes.

FAMILLE DES CYMOTOÏDIENS.

Lamelle caudale développée.

ÆGA.......... Les trois premières paires de pattes avec une main préhensile; yeux écartés.
ROCINELA..... Yeux occupant presque toute la surface supérieure de la tête.
NEROCILA..... Appendices latéraux des anneaux de l'abdomen avec des épines.
ANILOCRA...... Corps plus rétréci en avant qu'en arrière.
CYMOTHOA..... Pattes munies de crochets puissants.

FAMILLE DES BOPYRIDES.

Abdomen avec des pattes foliacées.

PHRYXUS....... Quatre paires d'appendices branchiaux abdominaux.
GYGE.......... Cinq paires d'appendices branchiaux.
BOPYRUS...... Cinq paires d'appendices branchiaux abdominaux triangulaires.

Première Division. — ISOPODES MARCHEURS

Les antennes de la première paire sont presque toujours très courtes et quelquefois même tout à fait rudimentaires; celles de la seconde paire sont toujours bien développées; les pattes sont conformées de façon à pouvoir servir presque toutes à la marche.

FAMILLE DES IDOTÉIDES.

Corps allongé; antennes antérieures internes courtes; bouclier caudal long, composé de plusieurs anneaux soudés; dernière paire de pattes de l'abdomen transformée en une sorte d'opercule destiné à protéger les pattes branchiales.

Genre Idotea (*Fabr.*), Idotée.

Tête quadrilatère et plus large que longue; pattes du thorax semblables; antennes externes à tige formée de quatre à cinq articles à long fouet; les deux anneaux antérieurs de l'abdomen nettement distincts. — *I. pelagica* (Leach), I. pélagique; front légèrement échancré; côtés du corps presque droits; second article de l'abdomen surmonté d'une petite carène médiane, arrondie au bout et terminée par une dent médiane obtuse. Longueur 12 millimètres environ. Manche. — *I. tricuspidata* (Desm.), I. tricuspide; espèce voisine de la précédente, mais le thorax est plus élargi dans le milieu; le dernier article de l'abdomen se termine par trois dents bien distinctes. Longueur 2 centimètres et demi.

Manche, océan Atlantique et Méditerranée. — *I. emarginata* (Gab.), I. échancrée; corps lisse; abdomen bombé en dessus, sans carène; bord postérieur profondément échancré et ne présentant sur la ligne médiane qu'une saillie à peine perceptible. Longueur 4 centimètres environ. Manche et Méditerranée. — *I. carinata* (Luc) (pl. 10, fig. 9), I. carénée; corps allongé, étroit et fortement caréné; tête armée d'un tubercule portant deux épines; pattes peu allongées et d'un vert jaunâtre. Méditerranée. — *I. angustata* (Luc) (pl. 10, fig. 10), I. étroite; tête légèrement bossue, abdomen allongé, convexe en dessus et terminé postérieurement en pointe très arrondie; tout le corps est généralement de couleur verte. — *I. linearis* (Penn.), I. linéaire; corps légèrement rugueux et très étroit; antennes internes très courtes, les externes très grandes pouvant atteindre le dernier article de l'abdomen; pattes grêles; dernier article de l'abdomen armé à son bord postérieur de deux dents latérales très saillantes et d'une dent médiane rudimentaire. Longueur 3 centimètres et demi environ. Manche et océan Atlantique. — *I. hectica* (Pal.), I. hectique; corps lisse, étroit, déprimé, garni d'une crête médiane et ayant les bords latéraux droits; pattes petites et très grêles; bord postérieur du dernier anneau abdominal très profondément échancré et ayant ses angles latéraux aigus. Longueur 5 centimètres environ. Méditerranée. — *I. appendiculata* (Risso), I. appendiculée; corps étroit et profondément dentelé sur les côtés; abdomen de forme lancéolée; pattes grêles et insérées tout près du bord latéral du thorax; longueur environ 2 centimètres et demi. Méditerranée.

Genre Anthura (*Leach*), Anthure.

Corps très grêle, presque vermiforme; antennes courtes; abdomen composé de deux articles à peu près de même longueur, dont le dernier est scutiforme. — *A. gracilis* (pl. 10, fig. 11) (Mont.), A. grêle; corps presque cylindrique; tête allongée et à peu près de même grandeur que les segments thoraciques; dernier segment de l'abdomen arrondi au bout. Longueur 2 à 3 centimètres. Manche.

FAMILLE DES TANAÏDES.

Corps très allongé; cuirasse céphalothoracique bombée; pattes de l'abdomen biramées; les pattes de la première paire sont pourvues de pinces, les suivantes sont disposées pour la marche.

Genre Apseudes (*Leach*), Apseude.

Antennes antérieures plus fortes et plus longues que les postérieures, avec deux fouets; deuxième paire de pattes avec l'article terminal très élargi, sixième paire de pattes avec deux branches filiformes, dont l'interne est très grande. — *A. talpa* (pl. 10, fig. 12) (Mont.), A. talpiforme; les cinq premiers anneaux de l'abdomen très poilus sur les côtés; le dernier aussi grand que tous les autres réunis, et terminé par un petit prolongement court, triangulaire et obtus. Longueur 5 à 6 millimètres. Mer du Nord.

Genre Rhoea (*Edw.*), Rhoé.

Antennes de la première paire grandes et se terminant par deux filets multiarticulés; antennes de la seconde paire placées au-dessous des précédentes. grêles et courtes. — *R. Latreillii* (Edw.), R. de Latreille: front armé d'un petit rostre pointu; yeux petits et circulaires; premier article des pattes des deux premières paires élargi; le grand filet caudal presque aussi long que le corps; couleur blanchâtre; longueur 5 millimètres environ. Océan Atlantique.

Genre Tanaïs (*Edw.*), Tanaïs.

Antennes sensiblement égales; abdomen à cinq anneaux; pattes caudales de la dernière paire grêles et simples. — *T. Cavolinii* (pl. 10, fig. 13) (Edw.), T. de Cavolini; antennes inférieures beaucoup plus grêles et plus courtes que les antennes supérieures; pattes de la dernière paire plus longues que les précédentes; les trois premiers anneaux de l'abdomen très poilus latéralement; appendices terminaux de l'abdomen assez longs. Longueur 3 millimètres environ. Méditerranée.

FAMILLE DES ASELLIDES.

Corps sensiblement aplati; première paire de pattes en forme de stylet; mandibules avec un palpe triarticulé.

Genre Limnoria (*Leach*), Limnorie.

Corps allongé, ovale; les deux paires d'antennes courtes; paires de pattes assez grêles, conformées pour la marche; anneaux de l'abdomen distincts; lamelle caudale large en forme de demi-cercle, de chaque côté avec des appendices caudaux aplatis. — *L. terebrans*

(Leach), L. perforante; corps couvert de poils raides et assez longs; dernier article de l'abdomen régulièrement arrondi postérieurement; couleur cendrée ou brun verdâtre. Longueur 3 millimètres environ. Mer du Nord. Cette espèce ronge le bois et les balises dans la mer.

Voici quelques détails intéressants sur la Limnorie perforante que nous trouvons dans l'ouvrage de Milne-Edwards, auquel du reste nous avons fait déjà, d'autre part, des emprunts. Ce petit Crustacé a été aperçu pour la première fois par un ingénieur chargé de la construction d'un phare. La charpente provisoire fixée au rocher et baignée par la mer fut, dans l'espace d'une seule saison, criblée de trous produits par les Limnories; de grosses poutres de 20 à 30 centimètres d'épaisseur furent, dans l'espace de trois ans, réduites à 14 à 16 centimètres par les ravages de ces mêmes animaux. C'est avec ses mandibules que l'animal, paraît-il, ronge de la sorte le bois dans lequel il se loge, car on trouve son estomac rempli de matières ligneuses. Heureusement que cette espèce n'est pas très commune sur nos côtes.

Genre Asellus (*Geoff.*), Aselle.

Les deux paires d'antennes avec un fouet multiarticulé; le fouet des antennes inférieures très long; paire antérieure de pattes avec une main préhensile, les autres pattes avec de simples griffes. Mâle beaucoup plus petit que la femelle. — *A. aquaticus* (pl. 10, fig. 14) (L.), A. aquatique; tête grosse; antennes internes moins longues que le pédoncule des externes; pédoncule des appendices postérieurs de l'abdomen cylindrique et portant deux stylets de même longueur. Eaux douces et stagnantes de France ; longueur 12 à 14 millimètres. — *A. cavaticus* (Schdt.), A. anophthalme ; caractères du genre ; aveugle, espèce ne possédant pas de pigment oculaire. Ce petit crustacé se rencontre dans les puits profonds, les lacs souterrains.

Genre Jœra (*Leach*), Jéra.

Antennes supérieures très courtes; antennes inférieures de la longueur de la moitié du corps; pattes grêles uniformes terminées par deux griffes; anneaux abdominaux soudés avec des appendices caudaux très petits. — *J. Kroyerii* (Edw.), J. Kroyer ; caractères du genre ; couleur brunâtre. Longueur 2 millimètres environ. Océan Atlantique.

FAMILLE DES ONISCINES.

Antennes antérieures rudimentaires et à peine visibles; abdomen formé de six anneaux avec les appendices caudaux styliformes.

Genre Ligia (*Fab.*), Ligie.

Fouet des antennes multiarticulé, appendice caudal très long avec deux branches styliformes. — *L. oceanica* (Linn.), L. océanique ; corps couvert de granulations déprimées et irrégulières ; thorax très large en avant, et garni latéralement d'un petit rebord saillant ; pattes courbes et insérées très loin du bord latéral du thorax ; dernier anneau de l'abdomen très large, se prolongeant de chaque côté en arrière sous la forme d'une grosse dent lamelleuse et ayant son bord postérieur régulièrement arqué. Côtes de France — *L. italica* (pl. 11, fig. 1) (Fab.), L. italique; corps étroit et lisse; filet terminal des antennes externes composé d'une vingtaine d'articles; thorax ne se prolongeant que peu au delà de la base des pattes; pattes très longues. Longueur 12 millimètres environ. Méditerranée.

Genre Lygidium (*Brandt*), **Lygidie.**

Article basilaire de l'appendice fourchu. — *L. Personii* (Brandt), L. de Person; caractères du genre. Cette espèce se trouve dans les étangs en France.

Genre Oniscus (*Lin.*), **Cloporte.**

Antennes externes formées de huit articles; antennes internes cachées, quadriarticulées; appendice caudal dirigé en dehors. — *O. murarius* (Cuv.), C. des murs: corps lisse, front arqué au milieu et peu saillant; ses lobes latéraux étroits et très saillants; couleur gris noirâtre au-dessous, avec deux rangées de taches jaunes sur le dos et de chaque côté deux rangées de taches blanchâtres sur les flancs: dessous du corps blanchâtre. Longueur 15 millimètres. France. Crustacé terrestre.

Genre Porcellio (*Latr.*), **Porcellion.**

Antennes externes formées de sept articles; lamelles antérieures des fausses pattes avec des lacunes remplies d'air. Les espèces de ce genre sont longues de 2 à 3 centimètres. — *P. pictus* (Brandt), P. peint; extrémité du dernier article de l'abdomen assez profondément sillonnée en dessus; couleur jaunâtre obscure, avec des taches jaune clair et noires. Allemagne. — *P. sca-*

ber (Latr., pl. 11, fig. 4), P. rude; corps ovalaire, très large et couvert de granulations qui sont assez grosses sur la tête et sur le thorax, mais très petites sur l'abdomen; dernier article de l'abdomen allongé, styliforme vers le bout, mais obtus à son extrémité et sans sillon en dessus; couleur brun grisâtre tirant sur le roux. Crustacé terrestre. — *P. Wagneri* (Brandt) (pl. 11, fig. 3), P. de Wagner; corps assez allongé, mais étroit; tous les segments du corps sont assez fortement granulés, le lobe médian du front est peu avancé, arrondi et creusé à la base. France méridionale. — *P. Brandtii* (Edw.), P. de Brandt; espèce très voisine de la précédente, dont le corps est également granulé, mais n'est pas élargi postérieurement, et dont le dernier segment est plus court et plus pointu. France. — *P. lævis* (Latr.), P. lisse; corps lisse, front arqué, mais à peine saillant au milieu; dernier article de l'abdomen triangulaire, très court, obtus au bout, et creusé en dessus d'un léger sillon longitudinal; couleur d'un brun grisâtre uniforme. France. — *P. granulatus* (pl. 11, fig. 2) (Edw.), P. granulé; corps étroit, allongé et couvert de granulations assez semblables à celles du *Porcellio scaber*, mais plus coniques; lobe médian du front arqué et à peine saillant; dernier article de l'abdomen court, triangulaire, terminé par une pointe aiguë et légèrement creusée en sillon en dessus. Côtes de la Manche.

Genre Trichoniscus (*Brandt*), Trichonisque.

Antennes externes composées de six articles, avant-dernier de ces articles grêle et cylindrique. — *T. pusillus* (Brandt), T. petit; caractères du genre, d'un brun un peu violâtre, ponctué de blanc; 4 millimètres de long. France.

Genre Platyarthrus (*Arndt*), **Platyarthre.**

Antennes composées de six articles et leur dernier article est conique ; avant-dernier article beaucoup plus large et plus long que les précédents, oblong, dilaté du côté externe et très comprimé. — *P. Steinii* (Schöl), P. de Stein ; caractères du genre. Les espèces de ce genre, qui sont souterraines, sont anophthalmes ; le telson est en triangle et ses côtés sont curvilignes.

FAMILLE DES ARMADILLIENS.

Corps fortement bombé, susceptible de s'enrouler ; appendices caudaux lamelleux non saillants ; les anneaux thoraciques se prolongent de chaque côté sous la forme de lames presque verticales.

Genre Armadillo (*Latr.*), **Armadille.**

Corps elliptique ; antennes externes à sept articles. — *A. officinalis* (Brandt), A. des boutiques ; corps lisse, tête large ; dernier segment de l'abdomen très large à sa base ; couleur brun olivâtre avec des taches irrégulières jaunâtres sur le dos. Longueur 2 centimètres et demi environ. — *A. vulgaris* (Latr.), A. commune ; corps lisse ; dernier segment de l'abdomen petit, à peu près aussi large que long, ayant son bord postérieur un peu arqué ; couleur brun plombé, avec le bord postérieur des anneaux d'une teinte jaunâtre. Longueur 1 centimètre environ. France.

Deuxième division. — ISOPODES NAGEURS

Ce sont des Isopodes dont l'abdomen se termine par une grande nageoire garnie latéralement de pièces lamelleuses appartenant aux fausses pattes de la dernière paire. Le dernier segment de l'abdomen est toujours lamelleux et beaucoup plus grand que les segments précédents. Le corps est large en général; les pattes sont courtes.

FAMILLE DES PRANISIENS.

Tête soudée avec l'anneau thoracique antérieur, très large chez les mâles, presque carrée; antennes simples, multiarticulées, relativement petites chez les femelles; cinq paires de pattes simples terminées par des crochets; abdomen allongé à six anneaux.

Genre Praniza (*Leach*), **Pranise.**

Tête petite, presque globuleuse en arrière, pointue en avant et séparée du thorax par un petit rétrécissement; le thorax est de forme ovalaire; abdomen étroit à peu près de même longueur que le thorax; dernier article de l'abdomen triangulaire.

Les femelles des Crustacés de ce genre, ainsi que les larves, vivent en parasites sur certains poissons; ils déposent leur progéniture dans un renfoncement cuticulaire de la région thoracique postérieure; les mâles vivent en liberté

P. cœrulata (pl. 11, fig. 5) (Mont.), P. bleuâtre :

dernier segment de l'abdomen bifurqué au sommet; second article des pattes antérieures du mâle armé d'une forte dent près de l'extrémité de son bord inférieur. Longueur 2 millimètres environ. Manche. — *P. rapax* (Edw.), P. rapace; antennes de la première paire plus longues que celles de la seconde; dernier article de l'abdomen cordiforme, cilié sur les bords, et ayant son extrémité postérieure bidentée. Longueur 2 millimètres environ. Manche. — *P. forficularis* (Risso), P. forficulaire, espèce voisine de la précédente, dont elle diffère surtout par la forme arrondie du dernier article de l'abdomen. Méditerranée.

FAMILLE DES SPHÉROMIDES.

Tête large et raccourcie, corps fortement convexe qui peut fréquemment se rouler en boule sur la face ventrale; anneaux antérieurs de l'abdomen plus ou moins rudimentaires et soudés.

Genre Sphæroma (*Latr.*), **Sphérome.**

Corps pouvant se rouler en boule; les quatre anneaux antérieurs de l'abdomen soudés; abdomen grand, bombé; pattes courtes, grêles. — *S. rugicauda* (Leach), S. à queue rude; corps lisse, dernier article de l'abdomen rugueux, son extrémité arrondie; couleur cendrée, tachetée et rayée de noir. Manche. — *S. serrata* (pl. 11, fig. 6) (Fabr.), S. denté; corps lisse; dernier article de l'abdomen très bombé, rétréci postérieurement et terminé par un bord droit ou légèrement arrondi. Longueur 7 millimètres environ. Manche et

Méditerranée. — *S. marginata* (Edw.), S. rebordé; corps garni de petites granulations formant sur chaque anneau deux lignes transversales; abdomen couvert de granulations plus grosses. Longueur 4 millimètres environ. Océan Atlantique. — *S. granulata* (Edw.), S. granulé; corps très finement granulé; bords postérieurs de l'avant-dernier segment de l'abdomen garni de deux petits tubercules. Méditerranée. — *S. gibbosa* (Edw.), S. bossu; dernier segment de l'abdomen rétréci en pointe postérieurement et ayant son angle postérieur divisé en deux par une échancrure médiane profonde. Longueur 3 millimètres environ. Manche.

Genre Cymodoce (*Leach*), Cymodocée.

Corps ne s'enroulant jamais, à bords latéraux presque parallèles; tête à front fortement recourbé; abdomen à téguments granuleux, présentant un appendice médian. — *C. pilosa* (pl. 11, fig. 7) (Edw.), C. poilue; corps très flexible et presque lisse en avant, mais granulé et hérissé de poils dans sa moitié postérieure; échancrure terminale de l'abdomen très large; lamelle médiane allongée presque cylindrique; longueur 6 à 7 millimètres. Méditerranée. — *C. truncata* (Leach), C. tronquée; espèce voisine de la précédente, mais s'en distinguant par l'absence des poils que l'on trouve chez *C. pilosa*. Manche, mer du Nord. — *C. Lesueuri* (Risso), C. de Lesueur, corps oblong, bombé; tête pointue, traversée au sommet par des lignes profondes qui dessinent un cœur. Méditerranée.

Genre Næsea (*Leach*), **Nésée.**

Corps terminé postérieurement par deux espèces de cornes peu mobiles; sixième anneau thoracique très développé, portant sur la face dorsale un appendice fourchu; lamelle externe de la nageoire caudale très grande, droite, non susceptible de s'appliquer sur la face ventrale. — *N. bidentata* (pl. 11, fig. 8) (Desm.), N. bidentée; corps presque lisse; sixième anneau du thorax très grand; dernier segment de l'abdomen granuleux. Longueur 5 millimètres. Manche, mer du Nord.

FAMILLE DES CYMOTHOIDIENS.

Peau du dos résistante; pièces buccales disposées pour la succion; abdomen large, à anneaux courts, à lamelle caudale développée, en forme de bouclier; les appendices de la queue portent deux lamelles en forme de nageoires.

Les Crustacés de cette famille vivent en partie parasites sur les Poissons, en partie en liberté.

Genre Æga (*Leach*), **Æga.**

Les trois paires de pattes antérieures se terminent par une main préhensile puissante; les quatre suivantes sont grêles et disposées pour la marche; antennes internes courtes. — *Æ. bicarenata* (Leach), Æ. bicaréné; corps déprimé et étroit; dernier segment de l'abdomen très large au bout. Longueur 2 centimètres et demi environ. Méditerranée.

Genre Rocinela (*Leach*), **Rocinèle.**

Yeux occupant presque toute la face supérieure de la tête et se joignant plus ou moins complètement sur la ligne médiane au-dessus du front.— *R. Deshaysiana* (Edw.), R. de Deshays; articles basilaires des antennes antérieures larges et aplatis; segment médian de l'abdomen allongé et à bords ciliés. Longueur 2 centimètres et demi environ. Méditerranée.

Genre Nerocila (*Leach*), **Nérocile.**

Corps plus ou moins ovalaire, tête petite et aplatie; abdomen large et peu rétréci postérieurement; le sixième segment abdominal est grand et presque aussi long que large. — *N. bivittata* (Risso), N. à deux raies; tête petite; corps ovalaire et bombé; abdomen court et large; dernier segment de l'abdomen grand, à peine rétréci vers le bout, et ayant les lames terminales des appendices foliacées. Longueur 3 centimètres environ; couleur brunâtre, avec deux bandes longitudinales jaunes sur le dos, et quelques taches de même couleur sur les bords latéraux du corps. Méditerranée. — *N. maculata* (Edw.), N. maculée, tête plus grande que chez l'espèce précédente; abdomen grand; dernier segment de l'abdomen médiocre, rétréci vers le bout, et terminé par un petit lobe médian saillant. Longueur 3 centimètres environ. Océan Atlantique.

Genre Anilocra (*Leach*), **Anilocre.**

Corps plus rétréci en avant qu'en arrière, dilaté vers le milieu et faiblement bombé; tête de grandeur médiocre, un peu plus large que longue, légèrement bombée en dessus, abdomen grand à bords latéraux presque parallèles. — *A. mediterranea* (Leach), A. de la Méditerranée ; antennes internes ne dépassant pas le bord postérieur de la tête; dernier segment de l'abdomen plus large à sa base qu'à sa partie moyenne, plat en dessus et régulièrement arrondi au bout. Méditerranée. — *A. frontalis* (Edw.) (pl. 11, fig. 9), A. frontal ; espèce assez voisine de la *mediterranea*, mais avec le front plus avancé. Méditerranée. — *A. physodes* (Linn.), A. physode; espèce voisine de la précédente, mais dont les antennes internes dépassent notablement le bord postérieur de la tête ; dernier segment de l'abdomen un peu rétréci à sa base, et légèrement acuminé postérieurement. Longueur 2 centimètres et demi environ. Méditerranée.

Genre Cymothoa (*Fabr.*), Cymothoé.

Les deux ou trois derniers anneaux thoraciques sont plus courts que ceux qui les précèdent ; base de l'abdomen plus courte que son extrémité postérieure; pattes munies de crochets puissants. — *C. œstroides* (pl. 8, fig. 10) (Risso), C. œstroïde ; tête presque aussi longue que large, triangulaire; premier anneau du thorax très petit; bord postérieur du cinquième anneau abdominal à peu près droit ; longueur 2 à 3 centimètres. Méditerranée. — *C. parallela* (Otto) (pl. 11, fig. 11), C. parallèle ; corps étroit et très comprimé latéralement ; tête allongée, triangulaire; antennes internes larges, comprimées et dépassant notablement le bord postérieur de la tête. Longueur 3 centimètres. Cette espèce habite la

Méditerranée, où elle se trouve sur divers poissons. — *C. Audouini* (Edw.), C. d'Audouin ; corps très aplati; tête très petite, globulaire, beaucoup plus large que longue, arrondie en avant; premier anneau thoracique petit, mais encaissant tout à fait la tête; abdomen petit. Longueur 2 centimètres et demi environ. Méditerranée.

FAMILLE DES BOPYRIDES.

Les Crustacés de cette famille sont parasites dans la cavité branchiale des Crevettes; les mâles sont très petits, allongés, avec des anneaux bien distincts et des yeux; les femelles ne possèdent pas d'yeux; abdomen avec des paires de pattes foliacées et ramifiées.

Genre Phryxus (*Rathk.*), **Phryxe.**

Caractères de la famille. — *P. Paguri* (Rath.), P. du pagure, et *P. Galatheæ* (Rath.), P. de la Galathée, se rencontrent, le premier chez les Bernard-l'Hermite, le second chez les Galathées.

Genre Gygo (*Corn.*), **Gyge.**

Femelle asymétrique avec des lamelles, constituant la cavité incubatrice, très développées, et cinq paires de branchies rudimentaires. — *G. branchialis* (Corn.), G. des branchies ; caractères du genre. Cette espèce se rencontre dans la cavité branchiale du *Gebia littoralis*.

Genre Bopyrus (*Latr.*), **Bopyre.**

Tête arrondie en avant, complètement libre sur les

côtés, et garnie en dessus de deux petits yeux circulaires de couleur noire ; la femelle est cinq ou six fois plus grande que le mâle ; lamelles de la femelle constituant la cavité incubatrice petite et cinq paires de lamelles branchiales abdominales triangulaires et simples. — *B. squillarum* (pl. 11, fig. 12) (Latr.), B. des crevettes; antennes du mâle complètement cachées sous le front; corps de la femelle un peu allongé, rétréci en arrière. Longueur du mâle 1 millimètre environ, femelle 6 millimètres environ. Cette espèce vit sur le *Palemon squilla.*

Lorsqu'on examine, soit à la pêche, soit à la table, ces belles Crevettes connues sous le nom de Bouquet, il n'est pas rare de trouver à droite ou à gauche du thorax une tumeur ronde de la grosseur à peu près d'un petit pois. Cette espèce de tumeur est occasionnée par la présence du *Bopyrus squillarum*, dont nous venons de donner la description. En enlevant avec précaution cette tumeur, on trouve dans son intérieur un petit animal plat, et en un point de la face de ce dernier, une autre bête beaucoup plus petite, ressemblant à un ver. Ce petit animal accessoire n'est autre que le mâle du Bopyre. Il existe encore une espèce de Bopyre, le *B. abdominalis*, qui vit dans l'abdomen des Bernard-l'Hermite.

Genre Ione (*Lart.*), Ione.

Corps de la femelle large, articulé et symétrique, avec de longs tubes et de larges lamelles destinées à former la cavité incubatrice sur les pattes thoraciques; le mâle est encore plus petit que la femelle et d'une forme étroite et allongée. — *I. thoracica* (pl. 11, fig. 13),

(Mont.), I. thoracique; caractères du genre; le mâle se tient cramponné sous l'abdomen de la femelle. Cette espèce se trouve dans la cavité branchiale des *Callianassa*. Manche.

SOUS-CLASSE DES ENTOMOSTRACÉS.

Cette section renferme de petits Crustacés à organisation très simple, dont le nombre et la conformation des membres sont très variables.

ORDRE DES PHYLLOPODES

Ce sont des Crustacés à corps allongé, souvent nettement divisé en segments et présentant ordinairement un repli de la peau, constituant un test ou carapace, aplati en forme de bouclier, ou bivalve et comprimé latéralement, et munis au moins de quatre paires de rames lamelleuses lobées. Les *Branchipus*, par exemple, ont le corps cylindrique allongé, bien segmenté et ne présentant pas de carapace; les *Apus* sont recouverts d'un large bouclier aplati, laissant seulement libre la partie postérieure du corps.

Chez ces Crustacés les sexes sont séparés; les mâles et les femelles présentent des différences extérieures très marquées, principalement dans la structure des antennes antérieures et dans celle des rames antérieures, qui, chez le mâle, sont armés de crochets. Quelques espèces de cet ordre habitent la mer, mais le plus grand nombre vivent dans les eaux stagnantes.

1er SOUS-ORDRE. — BRANCHIOPODES.

Corps généralement entouré par une carapace aplatie ou en forme de bouclier.

2e SOUS-ORDRE. — CLADOCÈRES.

Corps généralement entouré par un test ou carapace bivalve.

1er SOUS-ORDRE. — BRANCHIOPODES.

Ce sont des Phyllopodes relativement de grande taille, à corps nettement divisé en segments, entourés en général par une carapace, tantôt aplatie et en forme de bouclier, tantôt comprimée latéralement, munis de dix à quarante paires de rames foliacées et d'appendices branchiaux.

Les Branchiopodes sont presque exclusivement des animaux d'eau douce; ils se rencontrent surtout dans les mares peu profondes.

FAMILLE DES BRANCHIPODIDÉS.

Corps dépourvu de carapace; abdomen terminé par deux lamelles bifurquées.

Branchipus..... Lamelles terminales longues, portant des soies sur les bords.

Artemia........ Appendices terminaux de l'abdomen courts.

FAMILLE DES APUSIDÉS.

Corps recouvert d'un bouclier dorsal.

Apus........... Caractères de la famille.

FAMILLE DES ESTHÉRIDÉS.

Corps enveloppé par une carapace chitineuse bivalve.

Limnadia....... Carapace ovale très mince.

FAMILLE DES BRANCHIPODIDÉS.

Corps allongé et dépourvu de carapace; possédant le plus souvent 11 paires de pattes foliacées; abdomen allongé, cylindrique, multiarticulé, terminé par deux lamelles bifurquées; tête nettement distincte, portant des yeux latéraux mobiles pédiculés.

Genre Branchipus (*Schaf.*), Branchipe.

Abdomen à neuf articles avec de longues lamelles terminales portant des soies sur les bords; antennes préhensiles du mâle munies, à la base, d'un appendice en forme de tenaille et souvent d'appendices digités. — *B. stagnalis* (pl. 11, fig. 14) (Lam.), B. des étangs; un appendice sétacé très long, naissant de chaque côté interne des antennes préhensiles; celles-ci grandes chez le mâle, un peu élargies à leur extrémité et armées d'une dent vers le tiers inférieur de leur bord externe; pattes allongées, abdomen lisse; longueur 1 à 2 centimètres. — *B. diaphanus* (Prex.), B. diaphane, antennes n'ayant pas de dent sur le bord externe; longueur 1 à 2 centimètres.

Genre Artemia (*Leach*), Artémie.

Antennes préhensiles du mâle dépourvues d'appendices terminaux courts, munies de soies, seulement à l'extrémité, à huit articles. — *A. salina* (Linn.), A. saline; lobes terminaux de l'abdomen garnis de trois ou quatre petites soies; longueur de 1 à 1 centimètre et demi. Cette espèce habite les marais salants. — *A. eulimene* (Leach),

A. eulimène, espèce petite, blanchâtre, avec les yeux et l'extrémité postérieure du corps noirâtres. Se rencontre à Nice.

FAMILLE DES APUSIDES.

Corps recouvert d'un bouclier dorsal aplati et légèrement bombé, soudé avec la tête et les premiers anneaux thoraciques. Sur le bouclier sont situés les yeux composés et en avant l'œil simple ; les antennes antérieures sont de courts filaments biarticulés ; le thorax et l'abdomen sont presque cylindriques et se composent d'une trentaine d'anneaux.

Les Apusidés habitent les eaux stagnantes et se trouvent quelquefois dans les fossés dont l'eau est tout à fait croupie.

Genre Apus (*Schäff.*), Apus.

Corps recouvert d'un bouclier dorsal aplati et légèrement bombé, soudé avec la tête et les premiers anneaux thoraciques. Les antennes antérieures sont de courts filaments biarticulés ; les postérieures font complètement défaut chez l'adulte. — *A. cancriformis* (pl. 12, fig. 1) (Schäff) ; A. cancriforme, filets des pattes rameuses très longs ; lame terminale de l'abdomen très courte (moins longue que large) ; habite les eaux stagnantes. Longueur 4 à 5 centimètres. — *A. productus* (pl. 12, fig. 2) (Bosc.). A. allongé, filets terminaux des pattes rameuses, très courts ; lame terminale de l'abdomen très longue, élargie vers le bout et carénée en dessus ; même habitat que l'espèce précédente ; longueur 5 à 6 centimètres.

FAMILLE DES ESTHÉRIDÉS.

Corps entièrement enveloppé par une carapace chitineuse bivalve; tête séparée par un sillon, différente dans les deux sexes; antennes antérieures multiarticulées, antennes postérieures d'ordinaire puissantes et biramées.

Genre **Limnadia** (*Brongn.*), **Limnadie.**

Carapace ovale très mince, bord dorsal fortement recourbé; tête avec un organe de fixation cupuliforme; antennes antérieures amincies à leur extrémité, multiarticulées. — *L. Hermanni* (Bongn.), L. d'Hermann; test régulièrement ovalaire et ne laissant passer que les branches terminales des appendices de la queue. Antennules un peu claviformes, dentelées en dessus et de la longueur du pédoncule des antennes externes; vingt-deux paires de pattes branchiales; abdomen tronqué au bout, et n'ayant pas d'épines au-dessous de l'insertion des pièces caudales. Longueur 6 à 8 millimètres. Se trouve dans les petites mares. — *L. tetracera* (Kryn.), L. tetracère; antennules deux fois aussi longues que le pédoncule des antennes externes; filets terminaux de celles-ci longs et composés de seize à dix-huit articles; queue terminée par quatre filets bifurqués. Même habitat que le précédent.

2e SOUS-ORDRE. — CLADOCERA, CLADOCÈRES.

Ce sont de petits Phyllopodes à corps comprimé latéralement, entouré le plus souvent, à l'exception de la tête, par un test ou carapace bivalve, munis de grandes antennes natatoires et de quatre à six paires de rames.

Les Crustacés de cet ordre vivent en grandes masses dans l'eau douce, principalement dans les mares et les étangs; quelques-uns dans les grands lacs, dans l'eau saumâtre et l'eau de mer. Ils nagent avec agilité et progressent par bond.

FAMILLE DES DAPHNIDÉS.

Corps entouré, ainsi que les pattes, par une grosse carapace bivalve.

Daphnia...... Carapace divisée en losanges.
Lynceus...... Cinq paires de pattes.
Polyphemus... Abdomen avec des soies caudales.
Leptodora.... Six paires de pattes presque cylindriques.

FAMILLE DES DAPHNIDÉS.

Tête libre faisant saillie latéralement à la manière d'un toit; corps mobile entouré, ainsi que les pattes, par une carapace bivalve; en général cinq paires de pattes, en partie seulement lamelleuses, les antérieures plus ou moins transformées en organes préhensiles.

C'est d'après la monographie des monocles par Jurine que ces descriptions ont été revues.

Genre Daphnia (*F. Müll.*), Daphnie.

Carapace divisée en losanges, se terminant de chaque

côté en arrière par une épine dentée; antennes antérieures de la femelle très petites, immobiles, celles du mâle longues avec un fort crochet. — *D. pulex* (pl. 12, fig. 3) (Müll.), D. puce; bec grand, convexe; grandes antennes garnies de soies plumeuses; valves terminées postérieurement par un prolongement droit et pointu, qui dans le jeune âge est styliforme et denté en dessus, mais qui se raccourcit à chaque mue, et devient obtus chez l'adulte; longueur 1 millimètre. Très commune aux environs de Paris et dans différentes parties de la France. — *D. magna* (Strauss.), D. géante; valves très longues, terminées par un long prolongement styliforme permanent et dentées au-dessus et au-dessous à leur partie postérieure; bec très grand et droit; soies des grandes antennes plumeuses. Se rencontre aux environs de Paris. — *D. longispina* (Latr.), D. longue-épine; bec grand et concave; valves terminées par un long prolongement styliforme permanent et dentelées sur la partie postérieure des bords supérieur et inférieur; soies des grandes antennes sans barbes. Même habitat. — *D. rotunda* (Strauss.), D. arrondie; tête petite, séparée du dos par une légère dépression et sans prolongement en forme de bec, mais ayant le front très saillant et arrondi; valves presque circulaires, terminées en arrière par une petite dent relevée et ayant leur surface réticulée. — *D. sima* (pl. 12, fig. 4) (Lier.), D. camuse; bec très court; valves rhomboïdales, toujours dépourvues d'un prolongement postérieur caudiforme. dentelées à leur partie postérieure et marquées d'un réseau très fin sur toute leur étendue. Soies des grandes antennes sans barbe. Longueur de 2 à 2 centimètres 1/2.

— *D. brachiata* (pl. 12, fig. 5) (Desm.), D. à gros bras : tête obtuse ne se prolongeant pas en forme de bec; valves sans prolongement caudiforme, sans dentelures, et séparées postérieurement sur le dos dans le jeune âge; antennules très longues dans les deux sexes; grandes antennes très longues et à pédoncule fort large. Longueur un demi-millimètre.

Genre Lynceus (*O. Mull.*), Lyncée.

Cinq paires de pattes en partie seulement lamelleuses, l'antérieure avec des crochets puissants chez le mâle. — *L. sphæricus*, L. sphérique (O. Müll.); corps presque rond, tête se prolongeant en arrière jusqu'au milieu du dos et se recourbant en bas et en arrière en manière de bec, de façon à avoir à peu près la forme d'un croissant dont la corne inférieure serait libre; valves régulièrement arrondies en dessous et en arrière; pattes de la première paire dépassant un peu les bords des valves. Longueur un sixième de millimètre. — *L. lamellatus*, L. lamellé (Müll.); corps de forme ovalaire; antennes plus courtes que chez les espèces précédentes. — *L. adimeus* (pl. 12, fig. 6) (Jur.), L. à bec crochu ; tête dilatée latéralement; carapace tronquée obliquement en arrière et en bas. Longueur un demi-millimètre.

Genre Polyphemus (*Müll.*), Polyphème.

Abdomen le plus souvent petit avec des soies caudales; tête arrondie avec des yeux très gros; corps enveloppé par la carapace. — *P. pediculus* (pl. 12, fig. 8) (Degeer), L. pou ; tête séparée du dos par un sillon profond, très saillante et arrondie en avant; antennules bien distinctes; carapace gibbeuse en arrière et en dessus; pattes des trois premières paires garnies de soies à leur extrémité; abdomen allongé, terminé par deux longues soies.

Genre Leptodora (*Lillj.*), **Leptodore.**

Corps fortement allongé; abdomen long, cylindrique, articulé; première paire de pattes avec une petite ascessoire interne, sans appendice externe; les paires suivantes simples; antennes antérieures très allongées chez les mâles. — *L. hyalina* (Lillj.), L. hyaline; caractères du genre. Dans les lacs.

ORDRE DES OSTRACODES

Ce sont de petits Crustacés d'ordinaire comprimés latéralement avec une carapace bivalve entourant complètement le corps; sept paires d'appendices seulement servant d'antennes, de mâchoires, de pieds pour nager et pour ramper; abdomen court. Les Ostracodes se nourrissent de matières animales et particulièrement de cadavres d'animaux aquatiques.

FAMILLE DES CYPRIDES.

Yeux généralement soudés ensemble, carapace mince.

CYPRIS....... Antennes antérieures munies de longues soies.

FAMILLE DES CYTHÉRIDES.

Carapace dure, ordinairement calcaire.

CYTHERE...... Abdomen terminé par une queue bifide.

CYPRIDINA .... Nageoire caudale portant deux lames cornées à bords épineux.

FAMILLE DES CYPRIDES.

Carapace mince et légère, antennes antérieures munies de longues soies; yeux généralement soudés ensemble; articles caudaux allongés en crochet avec des soies à l'extrémité.

Genre Cypris (*Müll.*), Cypris.

Antennes de la première paire munies de longues soies; un faisceau de soies sur le deuxième article des antennes inférieures; abdomen court et conique. Toutes les espèces de ce genre vivent dans les eaux douces de France. — *C. monacha* (pl. 12, fig. 9) (Mull.), C. religieuse; valves presque circulaires, ayant leurss bord inférieur et supérieur arqués, et leur extrémité antérieure presque aussi large que la postérieure; couleur blanchâtre en dessus, un peu noirâtre en dessous; longueur 2 millimètres environ. — *C. virens* (Jur.), C. verdoyante; valves réniformes beaucoup plus renflées en arrière qu'en avant, également larges vers les deux extrémités, un peu gibbeuses sur le milieu du dos et légèrement échancrées en dessous, longueur 1 millimètre environ. — *C. ornata* (pl. 12, fig. 10) (Mull.), C. ornée; valves réniformes, allongées, aussi larges et presque aussi bombées en avant qu'en arrière; surface garnie de poils rares; antennes supérieures très saillantes; couleur jaunâtre avec des bandes vertes parallèles. — *C. ruber* (Jur.), C. rouge; espèce voisine de la précédente; valves un peu moins allongées et traversées par une large zone colorée. — *C. ovum* (pl. 12, fig. 11) (Jur.), C. œuf;

valves ovalaires très renflées, même en avant, à peine échancrées en dessous, tout à fait lisses et d'une teinte rosée. — *C. vidua* (Müll.), C. veuve; valves de la même forme que dans l'espèce précédente, mais plus renflées et ayant le bord dorsal un peu gibbeux; couleur blanchâtre, avec deux bandes noires festonnées et verticales, longueur 1/2 millimètre environ. — *C. villosa* (pl. 12, fig. 12) (Jur.), C. velue; valves très velues, courtes, aussi larges en avant qu'en arrière, fortement échancrées en dessous et très arquées en dessus, longueur 1/3 millimètre environ; couleur verdâtre. — *C. striata* (pl. 12, fig. 15) (Jur.), C. striée; valves courtes, fortement échancrées en dessous et couvertes de lignes concentriques; longueur 1/2 millimètre environ. — *C. puber* (pl. 12, fig. 13) (Müll.), C. à duvet; valves hérissées de poils, très allongées et très échancrées en dessous, ayant leur bord dorsal un peu sinueux au-dessus de l'œil; longueur 1 millimètre; couleur verdâtre. — *C. compressa* (Bard.), C. comprimée; valves comprimées, très courtes, très élevées, légèrement sinueuses et en général piquetées sur leur surface; antennes de la seconde paire garnies de soies; couleur brun grisâtre. — *C. fusca* (Strauss), C. brune; valves brunes, translucides, uniformes, plus étroites et comprimées en avant, couvertes de poils épars; antennes supérieures garnies de quinze soies. Longueur 1/3 de millimètre. — *C. candida* (pl. 12, fig. 14) (Jur.), C. blanche; valves beaucoup plus étroites et plus comprimées en avant qu'en arrière, réniformes, velues et de couleur blanche, avec une légère teinte rosée en dessus; longueur 1/2 millimètre environ. — *C. aurantia* (Jur.), C. orangée; valves allongées, légèrement échancrées en dessous, régulièrement bombées latéralement, et un peu plus étroites en avant qu'en arrière; antennes supérieures très courtes; couleur jaune orangé, longueur 1 millimètre environ. — *C. picta* (Strauss.), C. peinte; valves très renflées, beaucoup plus élevées en arrière qu'en avant, non échancrées en dessous, et couvertes de poils épars assez longs, couleur verte avec trois bandes grises, longueur 1/3 de millimètre environ. — *C. ovala* (pl. 12, fig. 16) (Jur.), C. ovale; valves légèrement velues, réniformes, un peu plus élevées en avant qu'en arrière, à bord dorsal gibbeux et très renflé latéralement ; couleur verdâtre; longueur 1 millimètre environ.— *C. ophtalmica* (pl. 12, fig. 7) (Jur.), C. ophtalmique; valves très peu renflées, très courtes d'avant en arrière, assez élevées sur le dos, et un peu plus étroites en arrière qu'en avant, couleur jaunâtre; longueur 1/3 de millimètre. — *C. marginata* (pl. 12, fig. 18) (Strauss), C. marginée; valves hérissées de poils raides, et beaucoup plus élevées en avant qu'en arrière; bord inférieur assez fortement échancré; couleur verte avec une bordure blanchâtre; longueur 1/2 millimètre. — *C. fuscata* (Jur.), C. enfumée; valves très élevées, beaucoup plus étroites en arrière qu'en avant, hérissées de poils; couleur brunâtre, longueur 1/2 millimètre. — *C. unifasciata* (Müll.), C. à une bande; espèce voisine de la précédente, dont elle ne diffère que par les valves un peu plus allongées. Couleur verdâtre; longueur 1/2 millimètre. — *C. punctata* (Jur.), C. ponctuée ; espèce voisine de la précédente; valves velues et couvertes de petits points bistres.

FAMILLE DES CYTHÉRIDES.

Carapace dure et compacte, ordinairement calcaire et à la surface rugueuse; paire de pattes postérieures développée, et terminée comme les autres pattes par une griffe; abdomen avec deux petits articles caudaux. Les Crustacés de cette famille sont tous sous-marins.

Genre Cythere (*Müll.*), **Cytherée.**

Trois paires de pattes, grêles et cylindriques; abdomen terminé par une queue bifide. — *C. viridis* (Latr.), C. verte; valves ovalaires courtes, à peine échancrées en dessous; couleur verte, longueur 1 millimètre environ. Mer du Nord et Méditerranée. — *C. lutea* (Müll.), C. jaune, valves beaucoup plus allongées que dans l'espèce précédente, réniformes et lisses. Mer du Nord et Méditerranée. — *C. flavida* (Müll.), C. jaunâtre; valves allongées et non réniformes. Même habitat.

Genre Cypridina (*Edw.*), **Cypridine.**

Antennes antérieures à six, à sept articles, à article terminal court; nageoire caudale composée d'une pièce basilaire, portant à son extrémité deux lames cornées à bords épineux. — *C. mediterranea* (Costa) (pl. 12, fig. 7), C. de la Méditerranée; caractères du genre. Méditerranée.

ORDRE DES COPÉPODES

Ce sont des Crustacés à corps allongé, et en général nettement articulés, avec deux paires d'antennes, quatre ou cinq paires de pattes biramées, un abdomen à cinq articles, dépourvu de membres.

Les Copépodes renferment des types fort différents : les nombreuses espèces parasites s'éloignent graduellement, comme organisation, de celles qui mènent une vie libre, et elles finissent par présenter des formes si différentes que, sans la connaissance de leur état larvaire, on serait tenté de les placer parmi les Vers plutôt que parmi les Crustacés ; c'est du reste ce qui avait été fait par les très anciens auteurs, qui ne s'étaient jamais occupés de l'étude du développement de ces curieux Crustacés.

1er SOUS-ORDRE. — EUCOPÉPODES.
Crustacés munis de rames, dont les branches courtes sont simples ou formées de deux ou trois articles.

1re DIVISION. — EUCOPÉPODES NAGEURS.
Anneaux du corps bien développés.

2e DIVISION. — SIPHONOSTOMES.
Segmentation du corps plus ou moins effacé.

2e SOUS-ORDRE. — BRACHIURES.
Abdomen bilobé.

1er SOUS-ORDRE. — EUCOPÉPODES.

Parmi les Crustacés de cette division, beaucoup vivent

en liberté et se nourrissent de petits animaux ainsi que de matières animales mortes ; ils possèdent des pièces buccales disposées pour mâcher, rarement pour sucer. Quelques-uns se tiennent de temps à autre dans les cavités du corps des animaux marins transparents, par exemple dans les vessies natatoires des siphonophores, dans les cavités respiratoires des salpes ; d'autres habitent toute leur vie dans la cavité respiratoire des Ascidies.

DIVISION PAR FAMILLES ET PAR GENRES

Première division. — EUCOPÉPODES NAGEURS

FAMILLE DES CYCLOPIDÉS.

Pattes de la cinquième paire rudimentaires.

CYCLOPS........ Corps pyriforme; dernier segment de l'abdomen bilobé.

FAMILLE DES HARPACTIDES.

Corps fréquemment linéaire avec une cuirasse épaisse.

CYCLOPSINA..... Mandibules pourvues d'une branche palpiforme bifide.

LONGIPEDIA..... Première paire de pattes semblables aux autres, avec des branches de trois articles.

HARPACTICUS... Les deux branches de la première paire de pattes sont préhensiles.

ZAUS........... Cinquième paire de pattes large, foliacée.

PELTIDIUM...... Corps terminé par une petite nageoire caudale, formée de lames foliacées.

FAMILLE DES CALANIDES.

Corps allongé, pattes de la cinquième paire préhensiles.

CETOCHILUS..... Cinquième anneau thoracique distinct.

CALANUS....... Cinquième anneau thoracique non distinct.

FAMILLE DES PONTIENS.

Outre l'œil médian, il existe une paire d'yeux latéraux.

IRENŒUS....... Yeux latéraux avec deux cornées lenticulaires.
PONTIA......... Œil inférieur pédiculé.

Deuxième division. — SIPHONOSTOMES

FAMILLE DES COPILIDES.

Cinquième paire de pattes rudimentaire.

COPILIA........ Abdomen rétréci possédant tous ses anneaux.
SAPPHIRINA..... Pattes courtes, corps en forme de bouclier.

FAMILLE DES ERGASILIDES.

Antennes postérieures terminées par des griffes.

ERGASILUS...... Corps pyriforme, à abdomen court.
BOMOLOCUS..... Première paire de pattes aplaties, munies de soies natatoires.

FAMILLE DES CONDRACANTHIENS.

Corps en général sans segmentation distincte, abdomen rudimentaire.

CONDRACANTHUS. Antennes préhensiles, avec une griffe.
ARTOTROGUS.... Dernier article de l'abdomen long et très élargi.
ASCOMYZON..... Abdomen très développé et grêle.
NICOTHOA.. .... Antennes postérieures tubulées.

FAMILLE DES CALIGIENS.

Pattes en partie uniramées.

CALIGUS........ Deuxième et troisième paire de pattes biramées.
TREBIUS........ Troisième et quatrième paire de pattes avec deux branches.
ELYTROPHORA... Les quatre paires de pattes biramées.
DINEMATURA.... Portion terminale de l'abdomen composée de deux articles.
PANDARUS...... Deux articles caudaux en forme de griffes à l'abdomen.

CECROPS........ Appendices terminaux de l'abdomen garnies de soies.

LŒMARGUS...... Carapace couverte de petits tubercules.

FAMILLE DES DICHÉLESTIENS.

Les deux premières paires de pattes sont en général biramées, les postérieures tubuleuses.

EUDACTYLINA.... Les quatre paires de pattes sont munies de quatre soies en hameçon.

DICHELESTIUM... Abdomen atrophié, avec deux articles caudaux foliacés.

ANTHOSOMA..... Antennes filiformes et multiarticulées.

NEMESIS. ...... Abdomen terminé par deux appendices lamelleux.

LAMPROGLENA... Anneaux thoraciques libres avec deux pattes rudimentaires.

CYCNUS...... .. Abdomen bilobé postérieurement.

FAMILLES DES LERNÉIDES.

Antennes préhensiles, terminées par des griffes ou par des pinces.

ÆTHON......... Tête séparée du thorax, par un étranglement.

CLAVELLA...... Tête distincte du thorax, mais non séparée.

PENICULUS...... Corps droit, allongé, cylindrique.

PENELLA....... Tête renflée et couverte d'excroissances maxillaires.

LERNEONEMA ... Abdomen assez développé, mais n'offrant pas de prolongement.

LERNŒOCERA ... Tête avec quatre appendices placés en croix.

LERNŒA.... ... Antennes préhensiles avec de fortes pinces.

FAMILLE DES LERNŒOPODIENS.

Abdomen renflé en forme de sac.

TRACHELIASTES.. Corps allongé.

BASANISTES..... Abdomen pourvu de renflements arrondis.

ACHTHERES..... Corps large, composé de cinq anneaux.

BRACHIELLA..... Corps terminé par des appendices frangés.

LERNŒOPODA.... Corps très allongé, sans trace de segmentation.

ANCHORELLA.... Abdomen rudimentaire.

Première division. — EUCOPÉPODES NAGEURS

Copépodes libres avec tous les anneaux bien développés et les pièces buccales disposées pour mâcher.

FAMILLE DES CYCLOPIDÉS.

Segmentation du corps complète; les deux antennes de la première paire transformées chez le mâle en bras préhensiles.

Genre Cyclops (Müll.), **Cyclope.**

Corps pyriforme; antennes de la première paire longues et sétacées ; antennes de la seconde paire de longueur médiocre ; dernier segment de l'abdomen bilobé, et portant deux appendices lamelleux, dont l'extrémité est garnie de longues soies. — *C. brevicornis* (Cls.), C. à cornes courtes, et *C. tenuicornis* (Cls.), C. à cornes grêles, ont les caractères du genre et sont très voisines l'une de l'autre; la première a les antennes un peu noires, longues; ces espèces se rencontrent dans les eaux stagnantes de France. — *C. quadricornis* (pl. 13, fig. 1) (Lin.), C. à quatre cornes; corps renflé en avant ; antennes de la première paire à peu près de la longueur de l'abdomen et du thorax réunis; abdomen étroit et allongé, surtout chez le mâle, et terminé par deux lames divergentes, longues et garnies à leur extrémité de quatre soies plumeuses, dont les deux mitoyennes sont à peu près semblables et plus longues que l'interne et l'externe; longueur 1 millimètre environ. Eaux douces de France.

Le *C. coronatus* (Cls.), C. couronné, n'est autre que le *M. quadricornis*, var. *fuscus* (Jur.).

FAMILLE DES HARPACTIDÉS.

Corps fréquemment linéaire avec une cuirasse épaisse; antennes de la première paire transformées chez le mâle en bras préhensiles; antennes de la deuxième paire munies d'une branche accessoire.

Genre Cyclopsina (Edw.), Cyclopsine.

Corps moins renflé que dans le genre précédent; antennes de la seconde paire biramées; mandibules pourvues d'une branche palpiforme, développée et bifide au bout; la longueur des espèces de ce genre est 1 millimètre environ. — *C. castor* (Jur.) (pl. 13, fig. 2), C. castor; corps allongé, antennes de la première paire à peu près aussi longues que le corps; dernier anneau thoracique notablement plus large que la base de l'abdomen; abdomen court, surtout chez la femelle; les deux lames divergentes qui le terminent sont assez larges, courtes et garnies au bout de cinq ou six soies. Eaux stagnantes et même quelquefois eaux vives. *C. staphylinus* (Jur.) pl. 13, fig. 3), C. staphylin; corps très allongé; antennes de la première paire très courtes, portant vers le milieu un petit appendice sétacé; abdomen aussi large à la base que le thorax, et terminé par un article bilobé, dont les branches sont très courtes et garnies chacune de deux grandes soies; couleur rose chez le mâle, bleuâtre chez la femelle. Eaux stagnantes, fontaines. — *C. parvulus* (Cls.), C. petite; caractères du genre; cette espèce se rencontre dans la Méditerranée.

Genre Longipedia (Cls.), **Longipède.**

Première paire de pattes semblable aux autres, et comme celles-ci avec des branches formées de trois articles ; branche interne de la deuxième paire très allongée. — *L. coronata* (Cls.), L. couronnée ; caractères du genre. Mer du Nord et Méditerranée.

Genre Harpacticus (Edw.), **Harpacte.**

Les deux branches de la première paire de pattes sont préhensiles ; la branche extérieure composée de trois articles, la branche intérieure de deux articles. — *H. nicæensis* (Cls.), H. de Nice; caractères du genre. Méditerranée, environs de Nice. — *H. chauseica* (Edw.), H. des îles Chausey; antennes de la première paire très courtes, celles de la femelle sébacées, celles du mâle grosses; première paire de pattes allongées; abdomen terminé par deux tubercules divergents, très courts et garnis de soies, dont une très longue ; longueur 1 demi-millimètre environ. Manche; îles Chausey. — *H. chelifer* (Mull.), H. à pinces; espèce très voisine de la précédente, dont elle diffère par la longueur plus considérable des pattes-mâchoires préhensiles.

Genre Zaus (Goots.), **Zaus.**

Les deux branches de la première paire de pattes sont préhensiles comme dans les espèces du genre précédent; cinquième paire de pattes très large, foliacée.

— *Z. spinosus* (Cls.), Z. épineux; caractères du genre. Mer du Nord, Manche.

Genre Peltidium (Phil.), **Peltidie.**

Corps déprimé, foliacé, composé de sept segments, dont le premier est grand, les suivants courts et se rétrécissant graduellement vers l'extrémité caudale ; corps terminé postérieurement par une petite nageoire caudale, composée d'une paire de lames foliacées, garnie de longs poils. — *P. purpureum* (pl. 13, fig. 4), P. pourpré (Phil.) carapace presque carrée; garnie sur son bord antérieur d'un prolongement frontal tronqué en avant; queue très courte; longueur environ 2 millimètres. Océan.

FAMILLE DES CALANIDES.

Corps allongé, à antennes antérieures très longues; pattes de la cinquième paire préhensiles.

Genre Cetochilus (Rouss. de Vauz.), **Cétochile.**

Antennes antérieures formées de vingt-cinq articles; le cinquième anneau thoracique nettement distinct; cinquième paire de pattes biramées. — *C. septentrionalis* (Goods), C. septentrionale, caractères du genre. Mer du Nord, Manche.

Genre Calanus (Leach), **Calane.**

Antennes antérieures composées de vingt-quatre à vingt-cinq articles; cinquième anneau thoracique non distinct ; cinquième paire de pattes simple. — *C. mas-*

tigophorus (Cls.), C. mastigophore; caractères du genre. Méditerranée.

FAMILLE DES PONTIENS.

Antenne antérieure droite et patte droite de la cinquième paire préhensiles chez le mâle; autre œil médian qui fait souvent saillie sous la forme d'une boule pédiculée; il existe une paire d'yeux latéraux.

Genre Irenæus (Goods), **Irénée.**

Yeux supérieurs latéraux, chacun avec deux cornées lenticulaires; œil inférieur pédiculé. — *I. Patersonii* (Temple), I. de Paterson, caractères du genre. Océan Atlantique et Méditerranée.

Genre Pontia (Edw.), **Pontie.**

Yeux supérieurs soudés sur la ligne médiane, avec deux grosses lentilles accolées; œil inférieur pédiculé.— *P. Savignyi* (Edw.),P. de Savigny; caractères du genre; tête grande; longueur 3 millimètres environ; dos d'un blanc argenté, entouré d'une bordure assez large d'un vert émeraude. Océan Atlantique. — *P. atlantica* (pl. 13, fig. 5) (Edw.), P. atlantique; front déprimé; yeux latéraux très écartés; thorax terminé par deux dents spiniformes; lames terminales de l'abdomen allongées chez le mâle. Océan Atlantique.

Deuxième division. — SIPHONOSTOMES

Ce sont des Copépodes à pièces buccales disposées pour piquer et pour sucer; la segmentation du corps plus ou moins visible. Un grand nombre nagent encore librement et ne sont qu'accidentellement parasites; d'autres, au contraire, à l'état adulte, sont exclusivement parasites, sans cependant que la division du corps en segments et la faculté de nager aient disparu.

FAMILLE DES COPILIDES.

Antennes antérieures courtes, composées seulement d'un petit nombre d'articles, semblables dans les deux sexes; antennes postérieures plus longues; cinquième paire de pattes rudimentaires. D'ordinaire, entre l'œil médian une grosse paire d'yeux.

Genre Copilia (Dan.), **Copilie.**

Corps un peu aplati avec un bord frontal droit et un abdomen très rétréci; yeux latéraux à gauche et à droite du bord frontal; abdomen possédant tous ses anneaux. — *C. denticulata* (Cls.), C. dentelée; caractères du genre. Méditerranée.

Genre Sapphirina (Thomp.), **Sapphirine.**

Corps en forme de bouclier; antennes de la première paire courtes, sébacées, pattes courtes. — *S. fulgens* (pl. 13, fig. 6), S. brillant; caractères du genre; lames caudales ovales et obtuses; longeur 32 millimètres environ. Océan Atlantique.

Les mâles de cette espèce mènent une vie libre, tandis que les femelles vivent pour la plupart dans les Salpes.

FAMILLE DES ERGASILIDES.

Corps semblables à celui des *Cyclops;* abdomen rétréci; antennes postérieures longues et terminées par des griffes.

Genre Ergasilus (Nordm.), **Ergasile.**

Corps pyriforme à abdomen court et très rétréci; antennes antérieures ramassées, en général composées de six articles. — *E. gasterostei* (Pag.), E. de l'épinoche; caractères du genre. Vit sur les branchies de l'épinoche. — *E. Sieboldii* (Nord), E. de Siebold; tête confondue avec le premier anneau du thorax; appendices terminaux de l'abdomen formés de deux articles dont le dernier porte deux soies; longueur 1 demi-millimètre environ. Sur les branchies des Cyprinoïdes. — *E. gibbus* (Nord.), E. bossu; tête distincte du premier anneau thoracique; second anneau du thorax moins large que le premier; appendices terminaux de l'abdomen allongés et garnis au bout de deux soies. Habite sur les branchies de l'anguille. — *E. tresetaceus* (Nord), E à trois soies; appendice terminaux de l'abdomen simples et garnis de trois soies. Habite les branchies des Cyprinoïdes.

Genre Bomolocus (*Nord.*), **Bomoloque.**

Abdomen très grand, composé de quatre anneaux; antennes antérieures grêles, munies de soies nombreuses;

première paire de pattes très aplatie et munie de soies natatoires pinnées. — *B. bellones* (Burm.), B. de l'orphie ; front légèrement bilobé; lobes terminaux de l'abdomen garnis chacun de deux longues soies; longueur, 2 millimètres environ. Méditerranée. — *B. soleæ* (Cls.), B. de la sole; caractères du genre. Mer du Nord, Manche. Vit sur les branchies des soles.

FAMILLE DES CHONDRACANTHIENS.

Corps en général sans segmentation distincte; thorax très grand, abdomen rudimentaire, antennes antérieures courtes; les mâles sont pyriformes nettement segmentés, nains, avec deux paires de pattes rudimentaires, fixées sur la femelle.

Genre Condracanthus (*Delav.*), **Chondracanthe.**

Antennes antérieures composées de deux ou trois articles ; antennes préhensiles courtes avec une griffe très forte. — *C. cornutus* (pl. 13, fig. 7) (Müll.), C. cornu ; tête ovalaire chez la famelle, grosse et renflée chez le mâle ; thorax conique chez le mâle et très allongé chez la femelle ; longueur du mâle 1/3 de millimètre, de la femelle 3 millim. environ. Vit sur les branchies de divers Pleuronectes. — *C. crassicornis* (Kroyer), C. à grosses cornes ; espèce voisine de la précédente, mais ayant les antennes épaisses, le thorax presque cylindrique ; longueur 2 millimètres environ. Vit dans la Méditerranée sur des Acanthoptères. — *C. soleæ* (Kroy.), C. de la sole ; tête grosse, ovalaire, et garnie d'une paire de cornes antennaires très grosses; thorax court et cylindrique, terminé postérieureurement par deux cornes assez longues ; longueur 2 millimètres environ. Vit sur les soles. — *C. triglæ* (pl. 13, fig. 8) (Blaim.), C. du trigle ; le mâle ressemble à celui du *C. cornutus;* la femelle a la tête renflée à son extrémité antérieure, le thorax moins long que la tête, gros et renflé et garni de chaque côté de quatre prolongements coniques simulant des cornes ; longueur 6 millimètres environ. Vit sur les branchies des trigles ou grondins. — *C. nodosus* (Müll.), C. noduleux ; tête grosse, de la longueur du thorax et offrant, dans sa moitié postérieure, des prolongements latéraux en forme d'oreilles ; thorax offrant de chaque côté une série de six ou huit petites cornes obtuses et à peu près de même longueur. Vit sur les branchies de divers Pleuronectes. — *C. gibbosus* (Kr.), C. bossu ; caractères du genre. Vit sur les branchies du *Lophius piscatorius* (Baudroie). — *C. merlucci* (Holt.), C. de la merluche ; femelle tête pyriforme, armée à ses angles latéro-postérieurs de cornes coniques très grosses ; thorax élargi en arrière du cou ; des angles antérieurs prolongés en forme de petites cornes obtuses. Longueur 6 millimètres environ. Mâle très petit. Vit sur les branchies des merluches. — *C. radiatus* (Cuv.), C. radié ; espèce très voisine de la précédente, dont elle se distingue par la présence de quatre cornes égales occupant les quatre angles du thorax. — *C. Zei* (pl. 13, fig. 9) (Delar.), C. du Thon ; corps trapu, tête globuleuse ; thorax portant deux paires d'appendices tridigités et garni latéralement de trois paires de prolongements multilobés. Vit sur le thon. — *C. delarochiana.* (Cur.), C. de Delaroche ; corps trapu et difforme ; tête globuleuse, se prolongeant de chaque côté en une corne dirigée un peu obliquement en arrière; thorax divisé en quatre portions par étranglement; il existe sur la ligne médiane du dos une rangée de sept prolongements cornus, et sur la même ligne médiane du ventre deux éminences semblables; abdomen petit. Vit sur le thon.

FAMILLE DES ASCOMYZONIDES.

Corps semblable à celui d'un Cyclops, mais plus ou moins élargi en bouclier; antennes allongées, composées de neuf à vingt articles; quatre paires de pattes biramées; cinquième paire rudimentaire, simple ou biarticulée.

Genre Artotrogus (*Bœck.*), Artotrogue.

Corps élargi en bouclier; dernier article de l'abdomen long et très élargi; antennes antérieures allongées et composées de neuf articles; pieds à rames grêles et formées de trois articles. — *A. orbicularis* (Bœck.) A. orbiculaire; caractères du genre. Vit sur les sacs ovifères d'un mollusque du genre *Doris*.

Genre Ascomyzon (*Thor.*), Ascomyzon.

Corps presque pyriforme, à céphalothorax large et à abdomen très développé et grêle; antennes antérieures allongées, composées de vingt articles; antennes postérieures transformées en organes de fixation avec une branche accessoire petite. — *A. Lilljborgii* (Thor.), A. de Lilljborg; caractères du genre. Vit dans la chambre respiratoire de certaines ascidies.

Genre Nicothoa (*Edw.*), **Nicothoée.**

Thorax de la femelle élargi de chaque côté, de manière à constituer un appendice en forme de sac; antennes antérieures composees de dix articles; antennes postérieures tubulées. — *N. astaci* (Edw.) (pl. 13, fig. 10), N. du Homard; caractères du genre; couleur rosée; longueur un millimètre environ. Vit sur les branchies des Homards.

FAMILLE DES CALIGIENS.

Corps aplati, en forme de bouclier; deuxième et troisième anneaux thoraciques soudés en général avec le céphalothorax; pattes en partie uniramées; la quatrième paire disposée pour marcher; il se développe parfois sur les anneaux de l'abdomen des appendices aliformes en forme d'élytres de Coléoptères.

Genre Caligus (*Müll.*), **Calige.**

Corps en forme de bouclier; antennes antérieures avec des sortes de ventouses en forme de demi-lune et deux articles terminaux libres; première paire de pattes simple; deuxième et troisième paire biramées; abdomen souvent formé de petits anneaux. — *C. minutus* (Otto), C. minime : carapace aussi large que longue; abdomen petit, un peu plus long que large, surtout chez le mâle; longueur 3 à 4 millimètres. Océan Atlantique sur le Bars. — *C. rissoanus* (Edw.), C. de Risso; carapace ovalaire; article basilaire des antennes plus grand chez le mâle que chez la femelle; dernier article du thorax rétréci à sa partie antérieure. Méditerranée. — *C. diaphanus* (Nord.), C. diaphane : carapace presque circulaire ; abdomen de la femelle très long et paraissant formé de deux anneaux ; lames caudales très petites. Vit sur les Trigles (*Trigla hirundo*). Méditerranée. — *C. rapax* (pl. 13, fig. 11) (Edw.), C. rapace : carapace plus longue que large et très rétrécie en avant ; thorax beaucoup moins long que la carapace ; abdomen deux fois aussi long que large ; lames caudales bien développées. Océan Atlantique ; sur le *Cyclopterus lumpus*. — *C. pectoralis* (Müll.), C. pectoral : thorax très petit chez le mâle, aussi long que la carapace chez la femelle ; abdomen petit et presque aussi large que long ; mâle beaucoup plus petit que la femelle. Vit sur les Pleuronectes (Turbot, Carrelet, etc.). — *C. Nordmanni* (Edw.), C. de Nordmann : espèce voisine de la précédente, mais ayant, chez la femelle, le thorax beaucoup moins long que la carapace ; celle-ci ovalaire, aussi longue que large ; abdomen petit. Longeur 4 à 5 millimètres. Méditerranée, sur la Mole. — *C. salmonis* (Kroy.), C. du Saumon : dernier article du thorax ovalaire et garni de chaque côté de deux petits tubercules sétifères. Vit sur le Saumon. — *C. vespa* (Edw.), C. guêpe : carapace étroite en avant, très large en arrière et aussi large que longue ; thorax aussi long que la carapace ; abdomen trois fois aussi long que large. Longueur 3 millimètres environ. Vit sur les branchies du Saumon. — *C. hippoglossis* (pl. 13, fig. 12) (Kroy), C. du Flétan : carapace moins large que longue ; abdomen court, aussi large que long ; longueur 8 millimètres environ. Mer du Nord. Sur le Flétan. — *C. sturionis* (Kroy), C. de l'Esturgeon, carapace ovalaire ; thorax aussi long que la carapace ; abdomen trois ou quatre fois aussi long que large. Vit sur l'Esturgeon.

Sur les *Caliges*, qui vivent en quantité sur les Poissons, se trouve un curieux Trématode (ver parasite), qui ressemble à une petite *Hirudo* (sangsue). Ce ver semble faire disparaître les œufs des caliges, qui n'arrivent pas à maturité et par suite périssent ; c'est donc un parasite utile.

Genre Trebius (*Kroy.*), Trébie.

Le céphalotorax comprend seulement le premier et le deuxième anneau thoracique ; le troisième anneau est libre ; troisième et quatrième paire de pattes avec deux branches, composées de trois articles. — *T. caudatus* (Kroy), T. caudigère : carapace subovoïde et plus longue que large ; abdomen grêle, plus long que le thorax et offrant dans sa moitié postérieure deux étranglements légers. Vit sur des squales du genre *Galeus*. — *T. spinifrons* (pl. 13, fig. 13) (Edw.), T. à front épineux : carapace plus large que longue ; deux premiers articles du thorax très étroits, le dernier grand et pyriforme ; abdomen composé d'un seul article et terminé par des lames natatoires peu développées. Vit sur certains Squales.

Genre Elythrophora (*Gerst.*), Elytrophore.

Plaques dorsales sur l'anneau thoracique libre ; les quatre paires de pattes biramées. — *E. brachyptera* (Gerst.), E. brachyptère : caractères du genre. Méditerranée ; sur les branchies de *Coryphæna*.

Genre Dinematura (*Burm.*), Dinemoure.

Corps presque oblong ; deuxième et troisième anneau thoracique libres; portion terminale de l'abdomen composée de deux articles, avec trois plaques dorsales et deux fortes plaques caudales. Les espèces de ce genre habitent la peau des Squales. — *D. ferox* (Kroy), D. féroce : carapace large ; dernier anneau thoracique très long, mais ne recouvrant pas les lames terminales de l'abdomen.

Genre Pandarus (*Leach*), Pandare.

Anneaux thoraciques libres, tous avec des plaques dorsales; abdomen inarticulé et recouvert d'une plaque dorsale, avec deux articles caudaux, divergents en forme de griffes. — *P. bicolor* (pl. 13, fig. 14) (Leach), P. bicolore : corps très allongé ; bord postérieur de la carapace quelquefois denté, dernier segment thoracique ovalaire et entouré d'une petite bordure pâle ; lame caudale arrondie. Longueur environ 5 millimètres. — *P. fissifrons* (Edw.), P. fissifrontale : espèce voisine de la précédente ; couleur générale jaunâtre avec une grande tache noire sur la carapace. Longueur de 5 à 6 millimètres.

Genre Cecrops (*Leach*), Cécrops.

Corps ovalaire, épais et trapu ; appendices terminaux de l'abdomen très petits, ovoïdes, et garnis sur le bord de quelques soies courtes et simples. — *C. Latreillii* (pl. 13, fig. 15) (Leach), C. de Latreille : caractères du genre ; le mâle est moitié plus petit que la femelle et se trouve accroché sur la partie postérieure de son corps. Vit sur les branchies du Thon.

Genre Læmargus (*Kroy*), **Lémargue.**

Carapace bombée et couverte de petits tubercules; abdomen court et étroit chez le mâle et ovalaire et bilobé postérieurement chez la femelle. — *L. muricatus* (pl. 13, fig. 16) (Kroy), L. muriqué : caractères du genre; longueur, mâle 12 millimètres environ, femelle 2 centimètres. Vit sur les môles.

FAMILLE DES DICHÉLESTIENS.

Corps allongé; anneaux thoraciques séparés; abdomen en général rudimentaire; antennes antérieures multiarticulées, antennes préhensiles longues et fortes; en général les deux paires de pattes antérieures sont biramées, les postérieures tubuleuses; mâles plus petits que les femelles, avec des appareils de fixation puissants.

Genre Eudactylina (*V. Ben.*), **Eudactyline.**

Tête et premier anneau thoracique soudés; les quatre paires de pattes biramées, munies de quatre soies en hameçon. — *E. acuta* (V. Ben.), E. pointue, caractères du genre.

Genre Dichelestium (*Herm.*), **Dichelestion.**

Tête grosse, en bouclier, les quatre anneaux thoraciques suivants gros, les antérieurs avec de courts appendices latéraux, les deux premières paires de pattes avec deux rames à un seul article, la troisième lobée, la quatrième manquant ; antennes préhensiles à l'extrémité en forme de ciseaux. — *D. Sturionis* (Herm.) (pl. 13, fig. 16), D. de l'Esturgeon ; tête pyriforme, élargie en arrière ; abdomen très petit chez la femelle, à peu près moitié aussi grand que le dernier anneau thoracique chez le mâle ; longueur 2 centimètres et demi environ. Vit sur les branchies de l'Esturgeon.

Genre Anthosoma (*Leach*), Anthosome.

La tête porte des antennes filiformes et multiarticulées ; segment abdominal très petit, tête ovalaire, clypéiforme. — *A. Smithii* (Leach) (pl. 14, fig. 1), A. de Smith. Caractères du genre ; longueur 2 centimètres environ. Vit sur les squales.

Genre Nemesis (*Roux*), Nemesis.

Thorax composé de quatre articles quadrilatères à peu près de même grandeur que la tête ; abdomen petit et conique et terminé par deux petits appendices lamelleux. — *N. Lamnæ* (pl. 14, fig. 2) (Roux), N. de la Lamie. Caractères du genre ; longueur environ 2 centimètres. Méditerranée.

Genre Lamproglena (*Nord.*), Lamproglène.

Tête et thorax séparés ; les quatre anneaux thoraciques libres avec deux courtes pattes rudimentaires fendues. — *L. pulchella* (pl. 14, fig. 3), T. mignonne : tête globuleuse et renflée en plusieurs petits lobes ; les deux premiers anneaux thoraciques plus étroits et plus courts que les deux suivants ; abdomen presque aussi long que le thorax. Vit sur les branchies des Cyprinoïdes.

Genre Cycnus (*Edw.*) **Cycne.**

Thorax portant à sa partie antérieure quatre paires de membres ayant la forme de pattes biramées; abdomen bilobé au bout. — *C. gracilis* (pl. 14, fig. 4) (Edw.), C. grêle : tête globuleuse et petite; thorax divisé par des étranglements en trois portions; abdomen petit et conique; longueur 4 millimètres environ. Vit sur les branchies des morues.

FAMILLE DES LERNÉIDES.

Le corps de la femelle est vermiforme, mais avec de petits pieds pairs biramés, ou du moins avec les traces de ces pieds. Abdomen rudimentaire avec des appendices caudaux rudimentaires. Antennes préhensiles terminées par des crochets ou des pinces.

Nous empruntons à M. Van Beneden l'histoire des mœurs des Lernéens. Ces Crustacés s'attachent à leur hôte par des liens indissolubles, ne deviennent parasites qu'après avoir passé leur jeunesse dans une indépendance complète. Au sortir de l'œuf ils nagent librement, mais un jour la femelle, songeant à la famille, avise un voisin capable de lui porter secours; elle s'implante dans sa peau, se développe rapidement jusqu'à devenir deux ou trois cents fois plus grosse que le mâle; sa tête, son corps et son ventre deviennent monstrueux et, dès lors captive, une partie de sa tête s'ankylose souvent dans les os de son hôte; le Lernéen reste suspendu comme une sorte de feston auquel viennent se joindre ensuite deux sacs qui se remplissent d'œufs. Les Lernéens sont de tous les parasites les plus remarquables sous le rapport de la dégradation physique. On en rencontre sur tous les animaux aquatiques, à commencer par les Cétacés, jusque sur les Échinodermes et les Polypes ; mais c'est sur les Poissons qu'ils sont le plus abondants. Ils vivent sur la peau ou sur les branchies et s'établissent parfois aussi dans les narines et sur le globe de l'œil.

Genre Æthon (*Kroy*), Æthon.

Tête petite et séparée du thorax par un étranglement ; thorax grand, abdomen rudimentaire. — *Æ. quadratus* (Kroy), Æ. quadrilatère : tête pentagonale ; thorax allongé et déprimé ; longueur 2 millimètres environ. Vit sur les branchies du Serran.

Genre Clavella (*Oken*), Clavelle.

Tête distincte du thorax, petite ; corps allongé ; abdomen rudimentaire et appendices terminaux rudimentaires. — *C. Hippoglossi* (Kroy), C. du Flétan : corps cylindrique, grêle ; tête un peu plus large que longue ; première portion du thorax de même forme que la tête, mais plus petite ; longueur 8 millimètres environ. Vit sur le Flétan et autres Pleuronectes. — *C. Scari* (Kroy), C. du Scare ; tête petite et quadrangulaire ; thorax allongé. Vit sur le Scare.

Genre Peniculus (*Nord.*), Pénicule.

Corps droit, très allongé, cylindrique ; abdomen rudimentaire. — *P. fistula* (Nord.), P. sonde : tête très grêle, suivie d'une espèce de cou, qui est séparé de la portion principale du thorax par un renflement ; longueur

4 millimètres. Vit sur les poissons de la famille des *Scombéridés*.

Genre Penella (*Oken*), **Penelle.**

Corps allongé avec deux ou trois appendices situés transversalement au-dessous de la tête renflée et couverte d'excroissances maxillaires; à l'extrémité postérieure se trouve un long appendice en forme de plume, muni de filaments latéraux. — *P. sagitta* (Linn.), P. flèche : tête arrondie; caractères du genre; la femelle atteint une taille relativement grande, 5 à 6 centimètres. Vit sur les *Lophius* (Baudroies). — *P. filosa* (Lin.). P. filifère : corps très long, grêle et droit; tête renflée; appendices de l'abdomen grêles et réunis deux à deux vers la base.

Genre Lernæonema (*Edw.*), **Lernéonème.**

Corps très allongé; portion abdominale assez développée, mais n'offrant pas de prolongement. — *L. monillaris* (pl. 14, fig. 5) (Edw.), L. monillaire : corps presque filiforme, un peu renflé vers la partie postérieure et très grêle vers le tiers antérieur; tête grosse, abdomen très court; longueur environ 2 centimètres. Vit sur le *Clupea sprattus* (Haranguet).

Genre Lernæocera (*Blainv.*), **Lernéocère.**

Tête avec quatre appendices placés en croix et les antennes préhensiles peu développées; abdomen court. — L. *cyprinacea* (Lin.), L. cyprin : thorax très grêle antérieurement, renflé en arrière; longueur 1 centimètre environ. Vit sur les Cyprinoïdes. — *L. gobina* (Ces.), L. du goujon. Caractères du genre. Sur le Goujon. — *L. esosina* (pl. 14, fig. 6) (Burm.). L. du brochet : corps épais et à peine rétréci antérieurement, et conique au bout. Sur le Brochet.

Genre Lernæa (*Lin.*), **Lernée.**

Céphalothorax avec deux appendices latéraux ramifiés et un crochet dorsal simple; antennes préhensiles terminées par de fortes tenailles. — *L. branchialis* (pl. 14, fig. 7) (Lin.), L. branchiale. Caractères du genre. Vit sur diverses espèces de poissons du genre *Gadus*. — *L. multicornis* (pl. 14, fig. 8) (Cuv.), L. multicorne : tête renflée et entourée d'un grand nombre de prolongements ; abdomen long. Même habitat que le précédent.

FAMILLE DES LERNÆOPODIENS.

Corps divisé en tête et en thorax, ce dernier réuni à l'abdomen rudimentaire, renflé en forme de sac; antennes antérieures courtes; antennes postérieures épaisses, ramassées, munies de crochets à leur extrémité. Les mâles sont très petits, fixés sur les femelles, et sont pourvus d'un œil, d'un corps annelé et étroit.

Genre Tracheliastes (*Nord.*), **Trachéliaste.**

Corps allongé, tête garnie de pattes-mâchoires armées de crochets. — *T. polycolpus* (pl. 14, fig. 9) (Nord.), T. polycolpe : corps allongé ; thorax cylindrique, allongé et arrondi postérieurement. Sur les nageoires des Cyprinoïdes. — *T. maculatus* (Koll.), T. tacheté : portion céphalique du corps conique et se terminant presque en pointe; thorax arrondi antérieurement, mais terminé par un petit tubercule médian; longueur 6 à 7 millimètres. Sur les nageoires de la Brême.

Genre Basanistes (*Nord.*), **Basaniste.**

Corps gros et court; abdomen pourvu de renflements arrondis. — *B. huchonis* (Schr.), B. du Huchon : tête conique et renflée ; thorax cylindrique, arrondi en arrière et garni de trois séries longitudinales de tubercules arrondis; longueur 4 millimètres environ. Vit sur l'opercule du *Salmo hucho* (Saumon huche). — *B. salmonea* (pl. 14, fig. 10) (May.), B. du Saumon : corps pyriforme et dépourvu de tubercules; tête petite et renflée au-dessus de sa base. Vit sur l'Omble-Chevalier.

Genre Achtheres (*Nord.*), **Achthères.**

Tête courte, pyriforme, acuminée antérieurement; corps large, composé de cinq anneaux peu distincts; mâles plus petits. — *A. percarum* (pl. 14, fig. 11), A. des perches : caractères du genre; abdomen triangulaire, terminé par deux tubercules; longueur 3 millimètres environ. Vit dans la gorge et sur les arcs branchiaux de la Perche.

Genre Brachiella (*Cur.*), **Brachielle.**

Corps allongé; thorax ovalaire ou pyriforme; corps terminé parfois par des appendices frangés. — *B. Thymni* (pl. 14, fig. 12) (Cur.), B. du Thon : corps presque droit; tête peu renflée; thorax allongé; longueur 1 centimètre environ. Vit sur les branchies du Thon. — *B. impudica* (Nord.), B. impudique : thorax très large, en forme de trapèze; longueur 5 millimètres environ. Mâle beaucoup plus petit. Vit sur les branchies des poissons du genre *Gadus*. — *B. bispinosa* (Nord.), B. à deux épines : tête légèrement renflée ; thorax terminé par deux points coniques ; longueur 4 millimètres environ. Vit sur les branchies des Trigles. — *B. lophii* (pl. 14, fig. 13) (Edw.), B. de la Baudroie : tête allongée ; thorax pyriforme ; longueur 4 millimètres environ. Vit sur les branchies de la Baudroie.

Genre Lernæopoda (*Kroy.*). Lernéopode.

Corps très allongé et sans trace de segmentation. — *L. elongata* (Grant), L. allongé ; tête arrondie, très courte ; longueur 4 centimètres environ. Vit sur les Squales. — *L. carpionis* (Kroy) L. de la Carpe : espèce voisine de la précédente ; tête grosse et pyriforme ; vit sur le Saumon et certains Cyprinoïdes. — *L. obesa* (Kroy), L. gras : corps pyriforme, gros et très court, tête recourbée en avant. Longueur 2 à 3 millimètres. Vit sur les Squales. — *L. stellata* (Mayor.) (pl. 14, fig. 14), L. étoilé : tête presque globuleuse et séparée du thorax par un rétrécissement ; bras longs, grêles et terminés par un bouton en forme d'étoile à cinq branches. Vit le Sterlet.

Genre Anchorella (*Cur.*), Anchorelle.

Tête petite ; thorax très court, renflé ; abdomen rudimentaire. — *A. brevicollis* (Edw.), A. à cou court : tête conique ; thorax ovalaire, plus long que large et déterminé par un petit tubercule abdominal conique. Longueur 5 millimètres environ. Vit sur les nageoires de poissons du genre *Gadus*. — *A. ovalis* (Kroy), A. ovale : tête globuleuse et un peu renflée ; thorax ovalaire. Longueur 2 millimètres environ. Vit sur les Trigles. — *A. uncinata* (Mill.), A. à cochets : tête petite ; corps globuleux ; thorax court. Vit sur les branchies de diverses espèces du genre *Gadus*.

SOUS-ORDRE DES BRANCHIURES.

Nous avons rangé sous ce sous-ordre quelques crustacés considérés pendant longtemps comme des Eucopépodes. Le céphalothorax est en forme de bouclier, l'abdomen bilobé, les yeux grands et composés ; quatre paires de rames fendues à leur extrémité. Les Crustacés de ce groupe possèdent au-dessus de la bouche un long tube cylindrique terminé par un stylet rétractile, qui renferme le conduit excréteur d'une paire de glandes à vénin.

ARGULUS. Deux premières paires de pattes portant un appendice recourbé en forme de fouet.

Genre Argulus (*Müll.*), Argule.

Pattes-mâchoires terminées en grosses ventouses ; les deux premières paires de pattes portent un appendice recourbé en forme de fouet. — *A. foliaceus* (Lin.) (pl. 14, fig. 15), A. foliacé : corps ovalaire ; base des antennes armée d'une série de dents cornées ; corps de couleur vert-jaunâtre. Longueur 3 millimètres environ ; mâle plus petit que la femelle. Vit sur les Cyprinoïdes. — *A. giganteus* (Lin.) (pl. 14, fig. 16), A. géant, espèce plus grande que la précédente ; même habitat.

ORDRE DES CIRRHIPÈDES

Ce sont des Crustacés sessiles, à corps indistinctement articulé, entouré par un repli cutané renfermant des

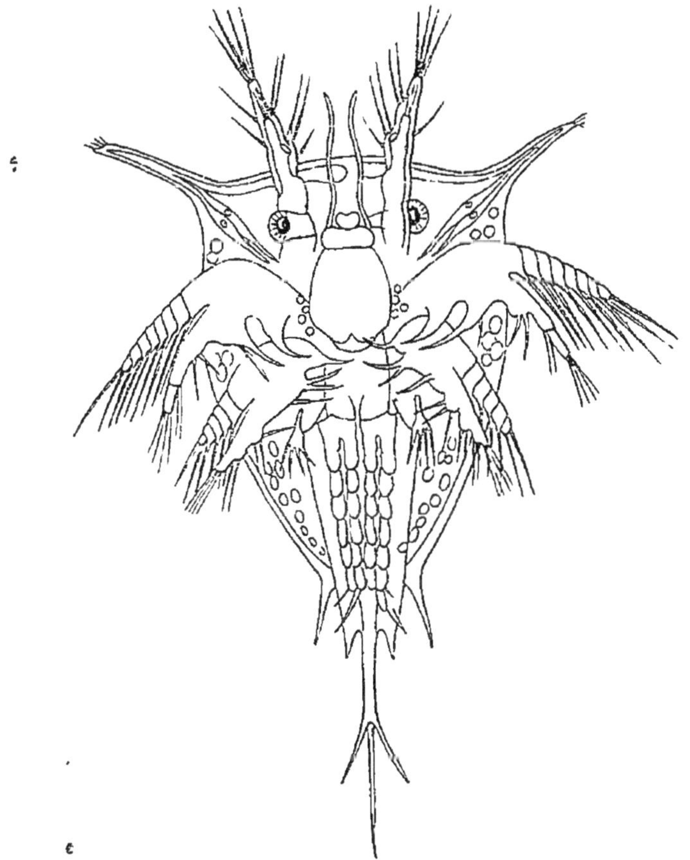

Fig. 23. — Larve de Balane très grossie (d'après Claus).

plaques calcaires, muni généralement de six paires de pieds en forme de crochets (d'où le nom de Cirrhipèdes).

Les Cirrhipèdes ont été longtemps considérés comme des Mollusques, à cause de la ressemblance extérieure de leur test avec les Mollusques bivalves. La découverte de leurs larves, par Thompson et Burmeister, a montré nettement que ce sont des Crustacés, que nous rangerons dans la sous-classe des Entomostracés. Au sortir de l'œuf, l'animal mène une vie errante ; après avoir

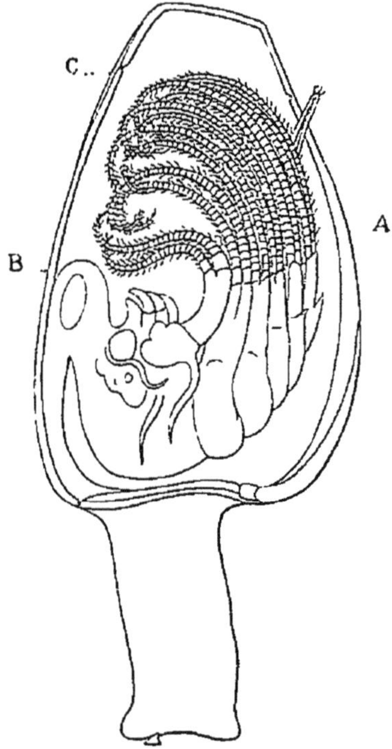

Fig. 24. — Lepas, dont la valve droite du test a été enlevée. A, Carina ; C, tergum ; B, scutum (d'après Claus).

couru quelque temps, il se fixe pour le restant de ses jours. Les Cirrhipèdes parcourent plusieurs phases du développement des Crustacés supérieurs ; mais lorsqu'ils sont fixés, ils deviennent méconnaissables. L'animal se fixe par l'extrémité céphalique, qui peut faire saillie hors du test sous la forme d'un long pédicule, comme chez les *Lepadidæ*. Les *Balanidæ* sont dépourvus de pédicule ; le corps est entouré d'un tube calcaire, dont l'ouverture antérieure est formée par une sorte de couvercle situé à la partie moyenne. Les Cirrhipèdes se fixent sur les corps étrangers par une sécrétion produite par une glande spéciale. Le corps est muni généralement de six paires de pieds cirrhiformes pluriarticulés, dont les branches allongées sont munies de soies et de poils, et servent à attirer les parties alimentaires tenues

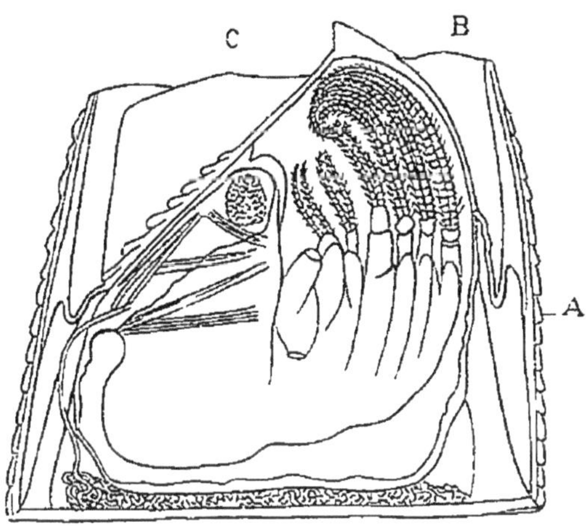

Fig. 25. — Balane, dont une moitié du test a été enlevée. B, tergum ; A, section de la couronne externe du test : C, scutum (d'après Darwin).

en suspension dans l'eau ; certaines espèces n'ont que trois paires de pieds, comme les *Alcippe ;* d'autres en sont dépourvues, comme les *Peltogaster*.

Les pièces calcaires du manteau ont donné de faciles caractères de différenciation des espèces. Il existe généralement chez les *Lepadidæ* cinq plaques calcaires, une impaire recourbée en carène sur le dos de l'animal et appelée *carina*, et quatre paires, les unes antérieures à la base du test, nommées *scuta*, les autres postérieures à l'extrémité du test ou *terga*, limitant ainsi l'ouverture en forme de fente par où passent les cirrhes. Chez certaines espèces comme les *Pollicipes*, les *Scalpellum*, le nombre des pièces augmente ; il se développe entre les scuta une nouvelle pièce appelée *rostellum*, et autour de ces six pièces s'élèvent sur le bord du pédoncule de nombreuses plaques latérales appelées *lateralia*. Le test des *Balanides* se compose d'une couronne externe de quatre. six, huit pièces soudées ; les scuta et les terga constituent un couvercle qui ferme l'ouverture supérieure ; les scuta et les terga sont articulés entre eux.

Les Cirrhipèdes habitent la mer ; ils s'établissent sur des corps étrangers très divers, des rochers, des Crustacés, des coquilles de Lamellibranches, etc. Ainsi les *Peltogaster* et les *Sacculina* se fixent sous la queue des crabes ou l'abdomen des Pagures ; les *Scalpellum* habitent souvent des Sertulaires et d'autres Polypes ; sur les Anatifes ordinaires se fixent d'autres genres de Cirrhipèdes ; sur des *Diadema* vivent des *Cineras*.

Nous partagerons l'ordre des Cirrhipèdes en trois sous-sordres : les Thoraciques, les Abdominaux, les Rhizocéphales.

1er SOUS-ORDRE. — THORACIQUES.

Corps entouré d'un manteau renfermant d'ordinaire des pièces calcaires.

1re DIVISION. — PÉDONCULÉS.

Corps pédonculé.

2e DIVISION. — OPERCULÉS.

Corps entouré d'une couronne externe de pièces calcaires, avec ou sans pédoncule.

2e SOUS-ORDRE. — ABDOMINAUX.

Corps entouré d'un manteau en forme de bouteille ; trois paires de pattes cirrhiformes.

3e SOUS-ORDRE. — RHIZOCÉPHALES.

Manteau dépourvu de pièces calcaires ; corps ayant la forme d'un sac.

SOUS-ORDRE DES THORACIQUES.

Corps entouré d'un manteau renfermant d'ordinaire des plaques calcaires ; six paires de pieds cirrhiformes.

Première division. — PÉDONCULÉS.

FAMILLE DES LÉPAPIDÉS.

Pédoncules très distincts, sans plaques calcaires.

LEPAS .... Les cinq pièces du test se touchant.

PŒCILASMA.... Pièces du test formées de deux, cinq, ou sept parties rapprochées.

CONCHODERMA.. Manteau membraneux, avec de petites pièces calcaires.

ALEPAS .... Pédoncule court et mince.

ANELASMA ..... Pédoncule court et épais avec des excroissances radiciformes.

FAMILLE DES POLLICIPÉDIDÉS.

Pédoncule peu distinct, avec poils et écailles.

SCALPELLUM ... Manteau avec douze à quinze pièces calcaires.

POLLICIPES .... Manteau avec dix-huit pièces calcaires.

Deuxième division. — OPERCULÉS.

FAMILLE DES BALANIDÉS.

Scuta et terga mobiles, articulés entre eux.

BALANUS...... Couronne conique ou cylindrique formant six pièces.

PYRGOMA...... Pièces calcaires soudées.
CHELONOBIA ... Couronne épaisse et surbaissée, formée de six pièces.

FAMILLE DES CORONULIDÉS.

Scuta et terga mobiles, non articulés entre eux.

CORONULA..... Couronne plus large que haute, composée de six pièces.
PLATYLEPAS ... Les six pièces antérieures du test sont bilobées.
XENOBALANUS.. Couronne rudimentaire, étoilée, formée de six pièces.

FAMILLE DES CHTHAMALIDÉS.

Parois du test sans cavités.

CHTHAMALUS... Couronne plate, à pièces, base membraneuse.
PACHYLASMA... Couronne formée de huit, six, sept pièces, suivant l'âge.

FAMILLE DES VERRUCIDÉS.

Scuta et terga mobiles sur un côté.

VERRUCA...... Mêmes caractères.

Première division. — PÉDONCULÉS.

Corps pédonculé, avec six paires de pieds cirrhiformes; manteau avec carina, scuta et terga.

FAMILLE DES LÉPADIDÉS.

Pédoncule très distinct sans plaques calcaires; manteau complètement membraneux, généralement avec cinq pieds calcaires; terga et scuta situés les unes derrière les autres.

Genre Lepas (*Lin.*), **Anatife.**

Les cinq pièces du test se touchent; scuta presque triangulaires; carina s'étendant jusqu'entre les scuta. —

L. anatifera (pl. 15, fig. 1) (Linn.), A. lisse : pièces calcaires lisses ou légèrement striées, scutum droit pourvu d'une dent à sa partie interne; partie supérieure du pédoncule rousse. Cette espèce est très répandue dans les mers de France. — *L. Hilii* (Leach), A. de Hill : pièces calcaires lisses; pas de dents à la partie interne des scuta; carina peu distants des autres pièces du manteau; partie supérieure du pédoncule pâle ou de couleur orangée. Habite la Méditerranée, sur les objets flottants, en compagnie des *L. anatifera* et *L. anserifera*. — *L. anserifera* (pl. 15, fig. 2) (Lin), A. ansérifère, pièces calcaires rapprochées et légèrement striées (surtout les terga); scutum droit pourvu d'une forte dent à la partie interne; scutum gauche ayant une petite dent ou simplement une crête; partie supérieure du pédoncule orangée. Méditerranée. — *L. pectinata* (pl. 15, fig. 3) (Speng.), A. pectiné : pièces calcaires fragiles, grossièrement striées, généralement pectinées ; carina divergeant et formant un angle de 135° à 180°. Océan Atlantique. — *L. fascicularis* (pl. 15, fig. 4) (Mont.), A. fasciculaire : pièces calcaires glabres, fragiles et transparentes : carina courbée à angle droit; partie inférieure de forme elliptique. Manche et mer du Nord.

Genre **Pœcilasma** (*Darw.*), **Pécilasme**.

Pièces du test formées de trois, cinq ou sept parties rapprochées ; carina courts ne s'étendant que jusqu'à l'angle basilaire des terga; scuta à peu près ovales. — *P. aurantia* (pl. 15, fig. 5) (Darw.), P. orangée : cinq pièces au test; carina tronquée à la base ; scuta ovale ; terga tronqués obliquement à la base. Méditerranée, où elle vit sur l'*Homola Cuvieri.* — *P. crassa* (pl. 15, fig. 6) (Gray), P. épaisse : cinq pièces au test ; base de la carina présentant un petit disque sans dépression ; scuta convexes ; terga presque rudimentaires, à peine plus larges que la carina. Méditerranée, sur les Homoles.

Genre Conchoderma (*Olf.*), Conchoderme.

Manteau membraneux ayant de deux à cinq pièces calcaires éloignées les unes des autres ; scuta bilobés ou trilobés ; carina étroite, falciforme ; extrémités supérieure et inférieure presque semblables. — *C. aurita* (pl. 15, fig. 7) (Lin.), C. à longues oreilles : sommet partagé en deux parties et formant pour ainsi dire des oreilles ; terga rudimentaires et presque nuls, scuta bilobés ; carina nulle ou à peu près rudimentaire ; pédoncule long et nettement séparé du sommet. Espèce très commune. Mers de France. Se rencontre en compagnie des *Lepas anatifera* et *L. Hillii.* — *C. virgata* (pl. 15, fig. 8) (Speng.), C. rayée : scuta trilobés ; terga concaves en dedans et légèrement courbés antérieurement; carina peu développée, un peu recourbée ; pédoncule confondu avec le capitulum. Se rencontre fixé à la carène des vaisseaux ; très commun ; se trouve en compagnie des *C. aurita*, *Lepas anatifera*, *L. Hillii* et *ansifera.*

Genre Alepas (*Rauz.*), Alèpes.

Pédoncule court et mince ; manteau coriace avec de très petits scuta. — *A. parasita* (Raz.), H. parasite, ouverture à peu près égale au tiers de la longueur du manteau ; scuta cornés ; longueur totale 5 centimètres.

Se rencontre sur les Méduses dans la Méditerranée et dans l'océan Atlantique.

Genre Anelasma (*Darw.*), **Anélasme.**

Pédoncule court et épais avec des excroissances radiciformes qui pénètrent dans la peau des Squalides ; manteau coriace dépourvu de pièces calcaires, à ouverture bâillante. — *A. squalicola* (pl. 15, fig. 9) (Darw.), A. des Squales, caractères du genre. Vit sur les Squales. Mer du Nord, Manche.

FAMILLE DES POLLICIPÉDIDÉS.

Le pédoncule est peu distinct, avec poils et écailles.

Genre Scalpellum (*Leach*), **Scalpel.**

Manteau ayant de douze à quinze pièces calcaires ; de forme quadrangulaire, aiguë au sommet et ressemblant un peu à celle de la lame d'un scalpel ; pédoncule couvert d'écailles petites et régulières ; rarement nu. — *S. vulgare* (pl. 15, fig. 10) (Leach), S. commun : quatorze pièces calcaires ; caractères du genre. Mers de France.

Genre Pollicipes (*Leach*), **Pouce-pieds.**

Pédoncule épais, aminci à l'extrémité, couvert d'écailles pressées les unes contre les autres ; manteau ayant de dix pièces calcaires à cent et même davantage. — *P. cornucopia* (pl. 15, fig. 11) (Leach), P. corne d'abondance : pièces calcaires blanches ou de couleur gris-bleuâtre ; pédoncule couvert d'écailles symétriquement disposées. Méditerranée.

Deuxième division. — OPERCULÉS.

Corps avec un pédoncule rudimentaire ou sans pédoncule, entouré d'une couronne externe de pièces calcaires, à l'extrémité duquel les scuta et les terga forment un opercule mobile.

FAMILLE DES BALANIDÉS.

Scuta et terga mobiles, articulés entre eux.

Genre Balanus (*List.*), Balane.

Couronne conique ou cylindrique déprimée, formée de six pièces ; scuta et terga presque triangulaires ; lèvre supérieure le plus souvent avec trois dents de chaque côté. — *B. tintinnabulum* (pl. 16, fig. 1) (Lin.), B. clochette : test variant du rose au rouge foncé, souvent rayé longitudinalement ; ouverture quelquefois dentée, mais la plupart du temps intacte ; les scuta formant une crête large et recourbée. Espèce très commune dans les mers de France ; se rencontre aussi à l'état fossile. Cette espèce varie beaucoup de formes ; de nombreuses variétés ont été signalées. — *B. tulipiformis* (Ellis), B. tulipiforme : test rose sombre et parfois rouge, ouverture dentée. Scutum lisse extérieurement et couvert par une membrane, tergum bien distinct. Méditerranée. — *B. spongicola* (Brown), B. spongicole : parois le plus souvent lisses, et parfois striées longitudinalement, rosées ; ouverture dentée ; scutum strié longitudinalement. Méditerranée : plusieurs variétés. — *B. perforatus*

(Brug.), S. perforé (pl. 16, fig. 2) : test de couleur rouge pâle, blanc ou cendre ; lisse ou légèrement strié longitudinalement ; ouverture petite ; rayons à peu près nuls ou du moins très étroits ; espèce variable dans ses formes ; nombreuses variétés. Méditerranée. — *B. amphitrite* (Darw.) (pl. 16, fig. 3), B. amphitrite : test rose ou rouge vif, strié longitudinalement ; les stries se rejoignent quelquefois ; test parfois complètement blanc. Méditerranée, océan Atlantique. — *B. porcatus* (pl. 16, fig. 4) (D. Costa), B. sillonné ; test blanc, ayant souvent des côtes longitudinales ; scuta striés longitudinalement ; extrémité des terga rouge. Méditerranée.

Genre Pyrgoma (*Leach*), Pyrgome.

Pièces calcaires toutes soudées ensemble ; base en forme de coupe ou presque cylindrique ; scuta et terga soudés de chaque côté. — *P. anglicum* (pl. 16, fig. 5). (Leach), P. anglais : test conique de couleur rouge vif ; ouverture ovale et étroite, pied généralement soudé à un Coralliaire, scuta et terga subtriangulaires. Mer du Nord, océan Atlantique.

Genre Chelonobia (*Leach*). Chélonobie.

Couronne très épaisse et surbaissée, composée de six pièces ; scuta étroits unis par une articulation avec les terga. — *C. testudinaria* (pl. 16, fig. 6) (Lin.), C. testudinaire ; test conique, solide, déprimé, rayons étroits et souvent entaillés sur les côtes. Méditerranée. — *Ch. patula* (pl. 16, fig. 7) (Ranz.), C. large : test conique lisse et fragile ; ouverture grande, dépassant presque la moitié du diamètre de la base du test ; rayons larges et lisses, légèrement déprimés. Méditerranée.

FAMILLE DES CORONULIDÉS.

Scuta et terga mobiles, non articulés les uns avec les autres ; toutes les pièces latérales de la couronne sur côté avec un rayon.

Genre Coronula (*Lam.*), **Coronule.**

Couronne plus large que haute, composée de six larges pièces égales, minces, profondément plissées ; terga et scuta plus petits que l'ouverture de la couronne. — *C. balænaris* (pl. 16, fig. 9) (Lin.), C. des baleines : test très déprimé, à côtes aplaties longitudinalement, ouverture hexagonale ; rayons égalant presque l'épaisseur du test. Océan Atlantique. — *C. diadema* (pl. 16, fig. 8) (Lin.), C. diadème : test en forme de couronne, à côtes tournées longitudinalement, ouverture hexagonale ; rayons médiocrement épais, mais assez larges ; terga à peu près nuls, ou rudimentaires. Manche, océan Atlantique.

Genre Platylepas (*Gray.*), **Platylèpe.**

Test en forme de couronne, dont les pièces antérieures sont bilobées. — *P. bissexlobata* (pl. 16, fig. 10) (Blainv.), P. à douze lobes ; test ayant ses lignes d'accroissement bien visibles ; côtés à apparence poreuse. Méditerranée.

Genre Xenobalanus (*Steens.*), **Xénobalane.**

Test très rudimentaire, étoilé, formé de six pièces ;

du milieu desquelles sort un pédoncule; pas de scuta ni de terga; manteau avec une sorte de capuchon. — *X. globicipitis* (pl. 16, fig. 11) (Steens.), X. globuleuse; caractères du genre. Océan Atlantique.

FAMILLE DES CHTHAMALIDÉS.

Parois du test dépourvues de cavités.

Genre Chthamalus (*Rauz.*), Chthamale.

Couronne plate composée de six pièces ; base membraneuse, parfois calcifiée en apparence par suite de la courbure des parties latérales. — *C. stellatus* (pl. 16, fig. 12) (Poli), C. étoilé : test blanc ou gris, le plus souvent fortement ponctué; rayons (lorsqu'il y en a) très étroits. Cette espèce diffère beaucoup ; il en existe plusieurs variétés. Mers de France.

Genre Pachylasma (*Darw.*), Pachylasme.

Couronne formée dans le jeune âge de huit pièces et plus tard de six pièces ou même de quatre pièces ; base calcifiée. — *P. giganteum* (pl. 16, fig. 13) (Pail.), P. géant, test et opercule d'un blanc sale. Méditerranée.

FAMILLE DES VERRUCIDÉS.

Scuta et terga mobiles seulement sur un côté, sur l'autre soudé avec la carina, de manière à constituer une coquille symétrique.

Genre Verruca (*Schn.*), Verrue.

Caractères de la famille. — *V. stromia* (pl. 16, fig. 14)

(Mull.), V. strome, test le plus souvent strié longitudinalement. Mers de France.

SOUS-ORDRE DES ABDOMINAUX.

Corps entouré d'un manteau en forme de bouteille, et portant dans sa région postérieure trois paires de pattes cirrhiformes.

ALCIPPE....... Corps muni de quatre paires de pinces.

Genre Alcippe (*Hanc.*), Alcippe.

Corps muni d'un pédicule peu développé, de quatre paires de pieds ; les femelles sont enfoncées dans les coquilles de Mollusques. — *A. lampas* (pl. 16, fig. 15) (Hanc.), A. lampe : caractères du genre ; vit dans la coquille des *Buccinum*. Manche, mer du Nord.

SOUS-ORDRE DES RHIZOCÉPHALES.

Corps dépourvu de membres, ayant la forme d'un sac ou d'un disque lobé, avec un pédicule court et étroit, d'où partent des filaments radiciformes ramifiés ; manteau dépourvu de pièces calcaires, avec une ouverture étroite.

3e SOUS-ORDRE. — RHIZOCÉPHALE.

PELTOGASTER.. Corps allongé, cylindrique.
SACCULINA..... Corps en forme de sac.

Genre Peltogaster (*Rath.*), **Peltogastre.**

Corps allongé cylindrique, avec un orifice à l'extrémité antérieure; pédicule tubuleux, très saillant. — *P. paguri* (Ratr.), P. des pagures, caractère du genre. Océan Atlantique.

Genre Sacculina (*Thomps.*), **Sacculine.**

Corps en forme de sac; pédicule saillant sur le milieu du bord antérieur. — *S. carcini* (Tomps), S. des crabes, caractères du genre. Océan Atlantique, Manche.

CLASSE DES MYRIAPODES

Les Myriapodes sont des articulés désignés vulgairement sous le nom de *mille-pieds*, *cent-pieds*, et que les anciens appelaient *centipèdes*. Ce sont des Arthropodes, terrestres à corps composé d'une tête distincte et de nombreux anneaux semblables, pourvus d'une paire d'antennes et de nombreuses paires de pattes ; le nombre des paires de pattes peut varier depuis dix à douze jusqu'à cent cinquante et même au delà.

Les pattes des Myriapodes sont plus ou moins longues ; c'est chez les *Scutigera* qu'elles prennent le plus grand développement de longueur ; quant au nombre, elles ne présentent pas moins de grandes différences non seulement suivant les espèces, mais aussi suivant l'âge des individus. Les espèces qui, à l'état parfait, en possèdent le moins, sont les *Polyxenus*, qui n'en ont que douze paires ; les *Iulus* en possèdent jusqu'à trois cents ; les *Lithobius* et les *Scutigera* n'en ont que quinze paires.

Les Myriapodes sont les articulés qui se rapprochent le plus des Annélides, tant par leur mode de locomotion que par la division de leur corps en segments, tantôt allongé, tantôt déprimé. Les Myriapodes du même groupe que les Scolopendres ressemblent aux Annélides de la famille des Néréides ; ceux du groupe des Iules et des Gloméridès ressemblent, au contraire, aux Crustacés. Ce sont des animaux à respiration trachéenne.

La forme du corps, dit M. Lucas, est toujours en rapport avec la disposition des appendices, et les anneaux qui le composent se montrent sous différentes formes: assez mous chez les *Pollyxenus*, ce n'est qu'en dessous qu'ils offrent cette disposition ; chez les *Glomeris*, ils sont, latéralement et en dessous, d'une grande consistance. Les anneaux des Iules sont entièrement durs et cylindriques ; ceux des *Polydesmus* sont déprimés. Chez les Scolopendra, ils affectent diverses dispositions. Les *Geophilus* les ont à peu près égaux entre eux, car ils semblent être formés d'un segment plus petit et d'un autre plus grand, le dernier étant seul pédigère. Chez les *Scutigera*, il paraît exister en dessous un plus grand nombre d'anneaux qu'en dessus ; c'est qu'à cette partie les plus petits ont cessé d'être apparents.

Les antennes, qui président au toucher, sont au nombre de deux ; celles des Chilognathes n'ont pas plus de sept articles ; celles des Chilopodes en ont toujours un plus grand nombre. Les *Scolopendra* possèdent dix-huit à vingt articles, et M. Lucas fait observer que, dans ce dernier genre, le nombre d'articles varie souvent d'une antenne à une autre. Ainsi on rencontre des Scolopendra ayant dix-sept articles à une antenne et vingt à l'autre ; voici pourquoi : lorsque les Scolopendres changent de peau, il arrive très souvent que, par les efforts que fait l'animal pour dégager ses antennes, deux ou trois articles restent dans la vieille peau. Ce fait ne se remarque jamais sur les *Lithobius* et les *Geophilus;* cela est dû aux articles terminaux qui sont beaucoup plus robustes.

Les sexes sont séparés sur les individus mâles et femelles. Les petits subissent, après la naissance, des métamorphoses ; ils ne possèdent d'abord, outre les antennes, que trois, six ou huit paires de pattes et quelques anneaux apodes ; ceux-ci se multiplient par les divisions successives de l'anneau de l'animal.

La forme et la structure des Myriapodes les destinent à vivre sur le sol ; on les rencontre dans les endroits ombragés, dans les bois, dans les plaines, dans les lieux cultivés et jusque dans les maisons ; ils se cachent sous les pierres, sous les écorces d'arbres, sous la mousse, même dans les fruits, dans la terre. Presque tous recherchent l'humidité, mais aucune espèce n'est aquatique. Certaines espèces sont phosphorescentes, les Géophiles particulièrement.

Les mœurs des Myriapodes varient forcément suivant leurs habitudes : les Iules et les Glomérides sont frugivores ; les Scolopendres vivent de matières animales; ils s'attaquent aux petits animaux pour s'en nourrir.

Les Myriapodes ont inspiré et inspirent encore maintenant la peur et le dégoût à certaines personnes, qui prêtent à ces animaux des propriétés malfaisantes ; c'est un préjugé populaire : les Myriapodes ne sont aucunement nuisibles; au contraire ils nous sont fort utiles en détruisant les animaux qui causent de grands dommages à nos cultures. Il serait désirable de voir bannir des esprits ces craintes, ces idées fausses.

Les Myriapodes ont été divisés en deux ordres, les Chilognathes et les Chilopodes : les premiers vivent de végétaux, de détritus décomposés ; les seconds se nourrissent d'insectes et de petits animaux.

CHILOGNATHES. Corps cylindrique ou à peu près cylindrique ; deux paires de pattes sur les anneaux médians et postérieurs.

CHILOPODES... Corps en général déprimé ; antennes longues, une seule paire de pattes sur les anneaux.

ORDRE DES CHILOGNATHES

Les Myriapodes de cette division ont le corps cylindrique ou à peu près cylindrique, pourvu de deux paires de pattes sur les anneaux médians et postérieurs. Les anneaux forment souvent un cercle parfait ou présentent des plaques dorsales étalées en forme d'ailes. Les antennes sont courtes, composées généralement de sept articles seulement, dont le dernier semble s'atrophier.

FAMILLE DES POLYXÉNIDES.

Corps formés de neuf à onze anneaux, très mous.

POLYXENUS..... Anneaux pourvus de faisceaux de poils.

FAMILLE DES GLOMÉRIDES.

Corps court, aplati en dessous ; douze à treize anneaux.

GLOMERIS...... Corps semblable à celui d'un cloporte (Crustacé).

FAMILLE DES POLYDESMIDES.

Anneaux composés seulement d'une lame annulaire ; appendices lamelleux sur les côtés.

POLYDESMUS.... Premier anneau dépourvu de pattes.
STRONGYLOSOMA. Appendices latéraux réduits à un court stylet.
CRASPEDOSOMA.. Deuxième article des antennes plus court que le troisième.

FAMILLE DES IULIDES.

Corps cylindrique se roulant en spirale.

LYSIOPETALUM .. Antennes plus du double plus longues que la tête
IULUS......... Antennes guère plus longues que la tête.

FAMILLE DES POLYZONIDES.

Corps lisse, déprimé, composé de cinquante segments.
POLYZONIUM.... Caractères de la famille.

FAMILLE DES POLYXÉNIDES.

Tête bien distincte; corps formé de neuf à onze anneaux très mous et pourvus de faisceaux de poils longs, écailleux et pinnés.

Genre Polyxenus (*Lat.*), **Polyxène.**

Corps membraneux, allongé, déprimé; la tête est antérieurement pénicillée de soies raides au sommet; antennes à huit articles; quatorze ou treize paires de pattes. — *P. lagurus* (Lat.) (pl. 17, fig. 1), P. queue en pinceau; tête grisâtre, hérissée de petites soies de même couleur, mais plus foncées; corps d'un cendré clair, sans taches; antennes filiformes; de chaque côté des segments se voient des touffes ou aigrettes de soies assez fortes. Longueur, 2 à 3 millimètres. Toute la France; on le trouve sous les écorces.

FAMILLE DES GLOMÉRIDES.

Les Glomérides rappellent assez par leur faciès celui des Cloportes (Crustacés), corps à peu près cylindrique, aplati en dessous, court et se roulant en boule; tête grosse et bien distincte; corps composé de douze à treize anneaux dont le premier est étroit et embarrassé sur les côtés par le second; le premier présente une grande plaque; dix-sept à vingt et une paires de pattes.

Les espèces de cette famille se trouvent sous les pierres, particulièrement dans les parties élevées et couvertes des bois.

Genre Glomeris (*Latr.*), Gloméride.

Corps composé de douze anneaux; dix-sept paires de pattes; caractères de la famille. La longueur de ces espèces varie de 2 à 3 centimètres. — *G. pustulata* (Fabr.), G. pustulée; corps d'un noir brillant, avec quatre points rouges sur chaque anneau, dont deux sur le dos et un de chaque côté; le dernier anneau n'a que deux points un peu plus gros; pattes noires. France. — *G. guttata* (Risso.), G. à gouttes; corps d'un beau noir brillant orné de quatre lignes longitudinales de taches jaune foncé, régulièrement disposées; le dernier segment a deux taches ovales jaunes. Safran; France méridionale. — *G. quadripunctata* (Brndt), G. à quatre points; corps noir avec quatre séries de points inégaux d'un gris brunâtre. — *G. marginata* (Leach) (pl. 17, fig. 2), G. bordée; antennes noires ainsi que la tête, qui a le bord extérieur rouge; le premier segment est noir, bordé de rouge; les autres sont noirs avec les bords postérieur et latéral rouges. France méridionale. — G. *limbata* (Gerv.) (pl. 17, fig. 3), G. limbée; corps d'un noir plombé, avec le bord des anneaux légèrement blanchâtre. France centrale. — *G. cas-*

tanea (Risso.), G. marron; corps luisant, châtain, lisse, avec les bords des anneaux plus pâle. France méridionale. — *G. annulata* (Bruch.), G. annelée; dos noir avec les bords postérieurs des segments entourés de zones larges de couleur oranger. France méridionale. — *G. marmorea* (Gerv.), G. marbrée; espèce voisine de la précédente, en différant par le corps, qui est d'un noir plombé mélangé de jaune. France centrale. — *G. plumbea* (Gerv.), G. plombée; corps de couleur plombée claire, avec le bord des anneaux et tout le derrière pâles. France méridionale.

FAMILLE DES POLYDESMIDES.

Anneaux du corps en nombre limité et composés seulement d'une lame annulaire; des appendices lamelleux sur les parties latérales des anneaux.

Genre Polydesmus (*Lat.*), Polydesme.

Corps composé de vingt anneaux dont le premier est dépourvu de pattes et les suivants jusqu'au quatrième n'en portent qu'une paire. — *P. complanatus* (de Geer) (pl. 17, fig. 4), P. aplati; corps brun fauve en dessus, pâle en dessous; antennes assez longues, de même couleur que le corps; dessus des anneaux marqué de deux ou trois séries à peu près régulières de tubercules, aplaties. Longueur 1 centimètre et demi. Cette espèce se rencontre dans toute la France, dans les bois, sous les feuilles mortes, les pierres.

Genre Strongylosoma (*Brandt*), Strongylosome.

Les plaques latérales sont réduites à un court stylet

ou à un bourrelet. — *S. pallipes* (Obr.) (pl. 17, fig. 5), S. pallipède; corps d'un roux ferrugineux; caractères du genre; pieds jaune pâle. Longueur 1 centimètre et demi.

Genre Craspedosoma (*Leach*), Craspédosome.

Corps déprimé, à segments comprimés latéralement; antennes ayant le deuxième article plus court que le suivant; utérus sur la partie antérieure de la tête. — *C. polydesmoides* (Mont.) (pl. 17, fig. 6), C. polydesmoïde; corps ayant le dos roux-gris, le ventre pâle; pieds roussâtres, pâles à la base; angle postérieur des segments sétigères. France méridionale. Longueur 1 à 2 centimètres.

FAMILLE DES IULIDES.

Tête grosse et distincte; corps cylindrique se roulant en spirale; anneaux en nombre indéterminé.

Genre Lysiopetalum (*Brandt*), Lysiopétale.

Antennes allongées, grêles, de six articles claviformes; corps atténué à ses extrémités antérieure et postérieure; les second, troisième et quatrième segments plus étroits que la tête. — *L. fœtidissimum* (Lan.), L. fétidissime; corps de couleur brun pâle, un peu ferrugineux en dessus, blanchâtre en dessous, strié; pattes grandes, pâles. Longueur 5 centimètres et demi. Midi de la France. — *L. rissonium* (Leach), L. de Risso; corps très lisse, brillant, légèrement incarnat et passant inférieurement au ferrugineux, sculpté par de fines stries obliques qui s'élèvent graduellement vers la partie postérieure ; antenne brune. Longueur 5 centimètres. Midi de la France.

Genre Iulus (*Linn.*), Iule.

Tête grosse et distincte ; corps cylindrique se roulant en spirale ; les anneaux sont en nombre indéterminé, ils se composent d'une plaque dorsale presque annulaire, complétée par deux petites plaques ventrales, au bord postérieur desquelles naissent les pattes pressées les unes contre les autres. — *I. sabulosus* (Lin.), I. des sables ; brun cendré ou noirâtre, avec le bord postérieur des segments plus clair et deux lignes rapprochées, rougeâtres sur le milieu du dos ; quatre-vingt-quatre paires de pattes ; une épine au segment préanal. Longueur 3 centimètres et demi ; toute la France. — *I. terrestris* (Lin.) (pl. 17, fig. 8), I. terrestre ; anneaux finement striés longitudinalement ; épine supra-anale saillante, recourbée en dessus ; pattes noirâtres ; corps avec deux raies longitudinales ; cent paires de pattes. Longueur, 2 à 4 centimètres ; toute la France. — *I. albipes* (Koch.), I. albipède ; pieds blancs ; antennes brunes plus courtes que celles de l'espèce précédente ; anneaux du corps striés, bordés de brun luisant en arrière ; éperon supra-anal moins saillant. — *I. muscorum* (Luc.), J. des mousses ; tête cendrée, noirâtre en avant ; antennes avec des poils fauves ; segments du corps brun-roussâtre au nombre de quarante-cinq ; pattes fauves, velues. Longueur 1 centimètre. — *I. albolineatus* (Luc.), I. à ligne blanche ; segments du corps noirs avec une série de taches blanches sur le milieu du dos, confondus en ligne; segment anal terminé par une pointe arquée. Longueur 2 centimètres et demi. France méridionale. — *I. Decaisneus* (Gerv.), I. de Decaisne; corps assez grêle; segments de couleur lilas assez pâles; pas de crochet préanal. Longueur 1 centimètre. — *I. lucifugus* (Gerv.) (pl. 17, fig. 7), I. lucifuge; plus petit que *I. terrestris*; corps de couleur générale blanchâtre ou jaune pâle; pas de crochet préanal; longueur 2 centimètres. Cette espèce a été rencontrée en quantité dans les serres du muséum d'histoire naturelle de Paris. — *I. arborum* (Lat.), I. des arbres, espèce très petite; corps brun clair, annelé de brun foncé ou de noirâtre, la partie anale a une saillie arrondie à son extrémité. — *I. aimatopodus* (Risso.), I. incarnat; corps d'un bleu noirâtre, sculpté par de petites lignes longitudinales; le dessous est orné d'une étroite boucle d'azur ainsi que les côtés, qui sont accompagnés de deux lignes noires ponctuées; les segments en dessous de la ligne latérale sont bleuâtres; pied d'un incarnat pâle. Longueur 3 à 4 centimètres. France méridionale. — *I. annulatus* (Risso.), I. annelé; corps légèrement teinté en rouge; sculpté par de petites lignes longitudinales, à segments postérieurs jaunes; pieds noirs. Longueur 4 centimètres. France méridionale. — *I. modestus* (Risso.), I. modeste; dessus du corps rouge, et les deux segments antérieurs au pénultième gris, sculptés par de fines lignes longitudinales droites, et trois un peu plus larges formées de points noirs, l'une en dessus et les deux autres latérales; antennes violacées, annelées de gris. Longueur 1 centimètre et demi. France méridionale. —

I. guttulatus (Fabr.), I. guttulé ; corps d'un blanc jaunâtre très pâle ; les pieds sont au nombre de trente-sept paires de chaque côté ; les segments du corps sont marqués latéralement d'un point rouge, formant une ligne ; les segments antérieurs et postérieurs sont dépourvus de ces points. Longueur 1 centimètre et demi. France centrale.

FAMILLE DES POLYZONIDES.

Plaques dorsales s'étendant sans interruption jusqu'à la face inférieure; les mâchoires sont soudées et forment un suçoir.

Genre Polyzonium (*Brandt*), **Polyzonie.**

Corps déprimé, obtus en avant et en arrière; lisse, composé d'environ cinquante segments. — *P. germanicum* (Brandt), P. germanique; corps aplati, assez peu résistant, couleur jaunâtre, plus pâle en dessous et aux pieds ; longueur 1 centimètre et demi. France centrale.

ORDRE DES CHILOPODES

Ce sont des Myriapodes à corps en général déprimé, munis d'antennes pluriarticulées et présentant une seule paire de pattes sur chaque anneau. Les petits à leur naissance ont déjà six paires de pattes et même davantage ; les *Scolopendra* sont probablement vivipares. Tous les Chilopodes se nourrissent d'animaux; ils les mordent et les tuent en introduisant dans la plaie la sécrétion de certaines glandes qu'ils possèdent.

FAMILLE DES SCUTIGÉRIDES.

Pattes très longues et dont la longueur augmente d'avant en arrière.

SCUTIGERA........ Caractères de la famille.

FAMILLE DES LITHOBIIDES.

Segments du corps peu nombreux, pattes en même nombre que les anneaux.

LITHOBIUS........ Dix-sept anneaux alternativement plus petits et plus grands.

FAMILLE DES SCOLOPENDRIDES.

Vingt et une paires de pattes; antennes avec dix-sept à vingt articles.

SCOLOPENDRA..... Pattes postérieures avec des épines.
CRYPTOPS........ Pattes postérieures sans épines.

FAMILLE DES GÉOPHILIDES.

Pattes courtes à tarses uniarticulés.

SCOLOPENDRELLA.. Segments du corps peu nombreux.
GEOPHILUS........ Segments du corps très nombreux.

FAMILLE DES SCUTIGÉRIDES.

Antennes sétiformes plus longues que le corps; pattes très longues et dont la longueur augmente d'avant en arrière, à tarse bifide.

Genre Scutigera (*Lam.*), Scutigère.

Huit pièces dorsales libres et quinze pièces ventrales; quinze paires de pattes; caractères de la famille. — *S. araneoides* (Pallas) (pl. 18, fig. 1), S. arachnoïde; corps d'un jaune roussâtre avec trois lignes d'un noir bleuâtre sur le dessus du corps, dont une au milieu et les deux autres latérales; les pattes ont aussi des bandes transversales de cette couleur. Longueur 2 centimètres.

FAMILLE DES LITHOBIIDES.

Segments du corps peu nombreux; neuf grands écussons dorsaux et six plus petits; pattes en même nombre que les anneaux du corps, plus longues postérieurement et dont les tarses sont triarticulés.

Genre Lithobius (*Leach*), Lithobie.

Corps formé de dix-sept segments, alternativement plus petits et plus grands en dessus; antennes composées de vingt à quarante articles décroissants; quinze paires de pattes. — *L. forcipatus* (pl. 18, fig. 2) (de Gerv.), L. à tenailles; corps de couleur brun foncé luisant, tirant au roux sur la tête, les antennes et le dessous du corps; pieds d'un brun clair, antennes composées d'articles nombreux et garnies de petits poils. Longueur 2 à 3 centimètres. — *L. longicornis* (Risso), L. longicorne; tête, antennes, dos, ventre et pieds d'un jaune safran; mandibules ferrugineuses, noires au sommet. Longueur 2 cent. environ. France méridionale.

FAMILLE DES SCOLOPENDRIDES.

En général vingt et une paires de pattes, la dernière paire étant la plus longue; antennes filiformes de dix-sept à vingt articles.

Genre Scolopendra (*Linn.*), **Scolopendre.**

Corps composé de vingt et un anneaux inégaux à partir de la tête; antennes de dix-huit à vingt articles; tarses biarticulés; vingt et une paires de pattes. — *S. morsitans* (Linn.) (pl. 18, fig. 3), S. cingulée; corps aplati; à segments à peu près carrés; corps teinté d'une couleur ferrugineuse verdâtre; pieds postérieurs épais; le premier article de ces derniers présente à sa face interne, près de la supérieure, cinq épines et deux à sa face inférieure. France méridionale. Longueur 5 à 10 centimètres.

Genre Cryptops (*Leach*), **Cryptops.**

Antennes composées de dix-sept articles; vingt et une paires de pattes; les postérieures étant les plus longues et ne présentant pas d'épines. — *C. hortensis* (Leach) (pl. 18, fig. 4), C. des jardins; corps ferrugineux; antennes et pieds velus. Longueur 2 à 3 centimètres. — *C. Savignyi* (Leach) (pl. 18, fig. 5), C. de Savigny; segments marqués en dessus d'impressions longitudinales, comme sculptées, et en dessous d'une ligne longitudinale, sur le milieu en croix avec une autre transversale; antennes moniliformes à articles serrés; corps d'un jaune testacé avec la tête d'un ferrugineux pâle et les pieds postérieurs épineux. Longueur 4 centimètres environ.

FAMILLE DES GÉOPHILES.

Anneaux égaux et très nombreux; pattes courtes à

tarses uniarticulés; antennes formées de quatorze articles.

Genre Scolopendrella (*Gerv.*), **Scolopendrelle.**

Segments du corps beaucoup moins nombreux que chez les *Geophilus*; antennes moniliformes. — *S. notacantha* (Gerv.) (pl. 18, fig. 6), S. notacanthe; caractères du genre; antennes ayant vingt articles environ, finement velues; douze paires de pattes, une petite brosse de chaque côté du dernier segment; dessus des anneaux bien épineux. Longueur 2 à 3 millim.

Genre Geophilus (*Leach*), **Géophile.**

Corps allongé, linéaire, formé d'un très grand nombre d'anneaux; antennes à quatorze articles; pattes très nombreuses, depuis quarante paires jusqu'à cent cinquante et même au delà, courtes, à tarses uniarticulés. — *G. maxillaris* (Gerv.), G. maxillaire; tête allongée; corps fusiforme d'un brun ferrugineux, avec une ligne dorsale obscure; dessous des segments marqué de trois sillons longitudinaux; corps composé de quarante-six anneaux et autant de paires de pattes. Longueur 4 cent. Cette espèce se rencontre assez fréquemment dans certaines terres; elle a peut-être été importée en même temps que quelques végétaux exotiques. — *G. longicornis* (Leach), G. longicorne; corps jaune; tête et mandibules d'un ferrugineux foncé; antennes velues; cinquante-cinq paires de pattes; appendices de l'anneau postérieur légèrement poilus. Longueur 5 à 6 cent. — *G. electricus* (Koch.), G. électrique; corps jaune; antennes longues, appendices de l'anneau terminal épais à articles courts; soixante-quatorze paires de pattes; longueur 5 cent. — *G. sanguineus* (Valch.), G. sanguin; segments lisses, luisants; dessous marqués de deux lignes longitudinales latérales; trente-neuf paires de pattes, velues, celles de la dernière paire plus fortes que les autres et dirigées en arrière. Longueur 2 cent. — *G. simplex* (Gerv.), G. simple; corps d'un jaune pâle; antennes deux fois aussi longues que la tête; articles étroits, serrés, égaux; impression des anneaux peu marquée, consistant en dessus en deux petits traits obliques et en dessous en une impression stigmatiforme; quatre-vingts paires de pattes; longueur 5 cent. — *G. carpophagus* (Leach), G. carpophage; tête, antennes fauves; corps violacé, fauve en avant; pieds fauves pâles. Longueur 5 à 6 cent. — *G. humuli* (Newj.), G. du houblon; corps d'un fauve ferrugineux; antennes velues, appointies, à articles basilaires petits; crochets des pinces noirs. — *G. Walckenaerii* (Gerv.) (pl. 18, fig. 7), G. de Walckenaer; cent soixante-trois paires de pattes environ; antennes deux fois aussi longues que la tête; anneaux du corps plus larges au milieu qu'en avant et en arrière; chacun d'eux présente à sa face supérieure deux petites impressions longitudinales, et inférieurement une impression médiane, circulaire; sur les bords des externes de la même face, on voit aussi une ligne longitudinale enfoncée. France centrale. Longueur 10 à 20 centimètres.

TABLE DES CHAPITRES

TABLE DES MATIÈRES

GÉNÉRALITÉS

TABLE ALPHABÉTIQUE

DES NOMS DE DIVISIONS ET D'ESPÈCES

DES ACARIENS

TABLE ALPHABÉTIQUE

DES NOMS DE DIVISIONS ET D'ESPÈCES

DES CRUSTACÉS

TABLE ALPHABÉTIQUE

DES NOMS DE DIVISIONS ET D'ESPÈCES

DES MYRIAPODES

ACARIENS

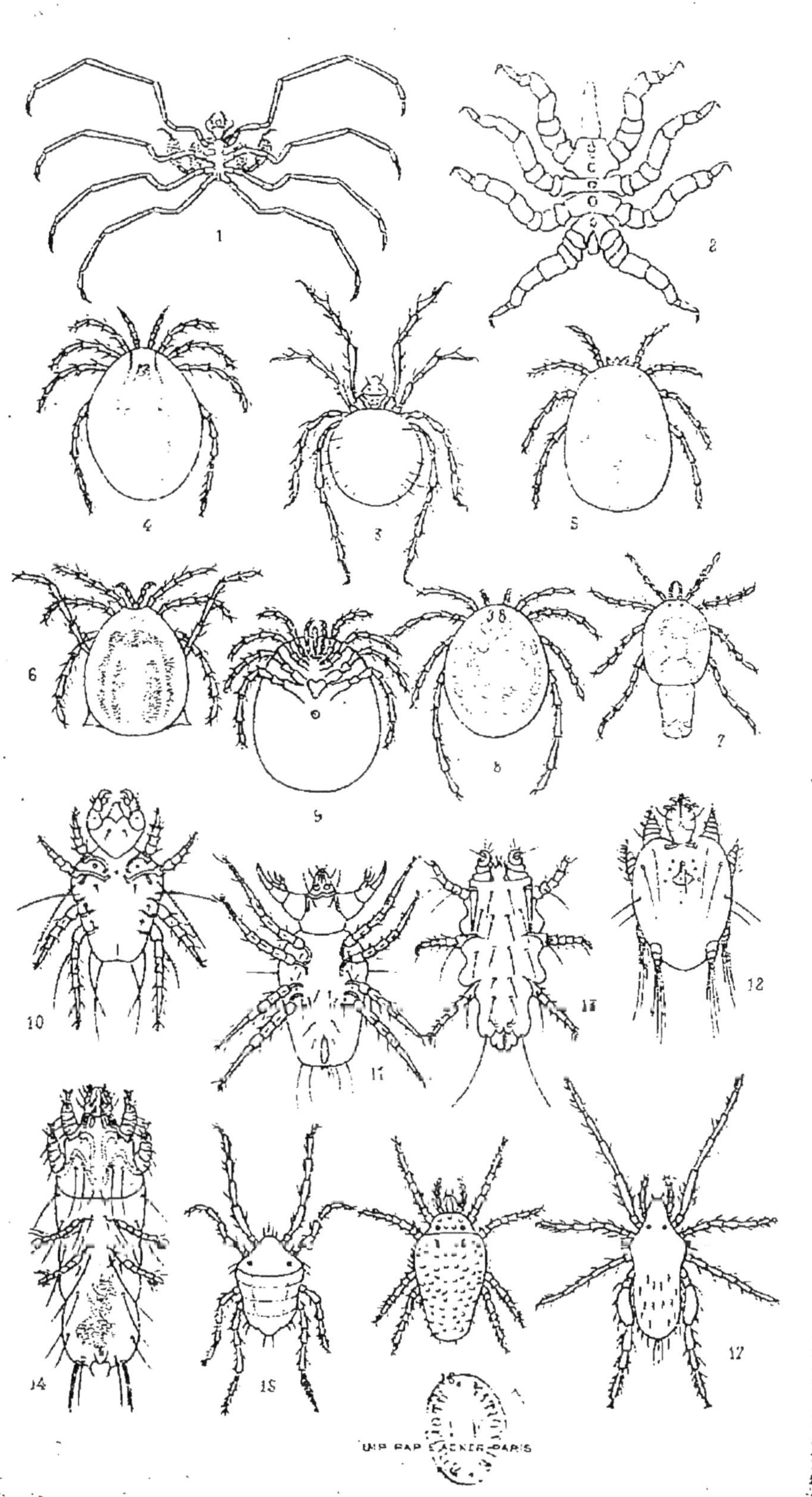

EXPLICATION DES PLANCHES

PYGNOGONIDES

PLANCHE I

ACARIENS

Les acariens sont microscopiques pour la plupart, toutes ces figures sont donc considérablement grossies.

ACARIENS

PLANCHE II

Toutes ces figures sont très grossies.

ACARIENS Pl. 2

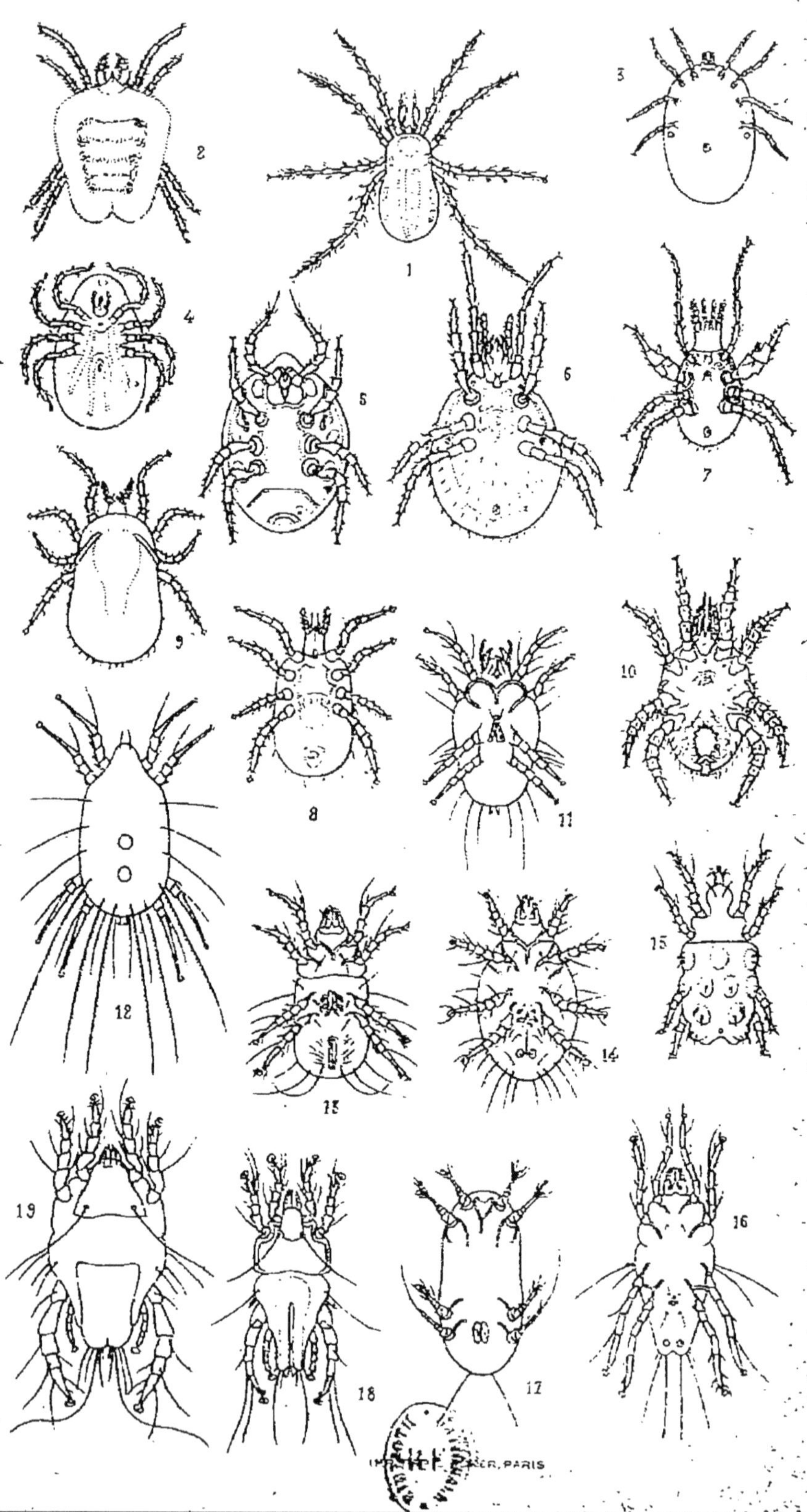

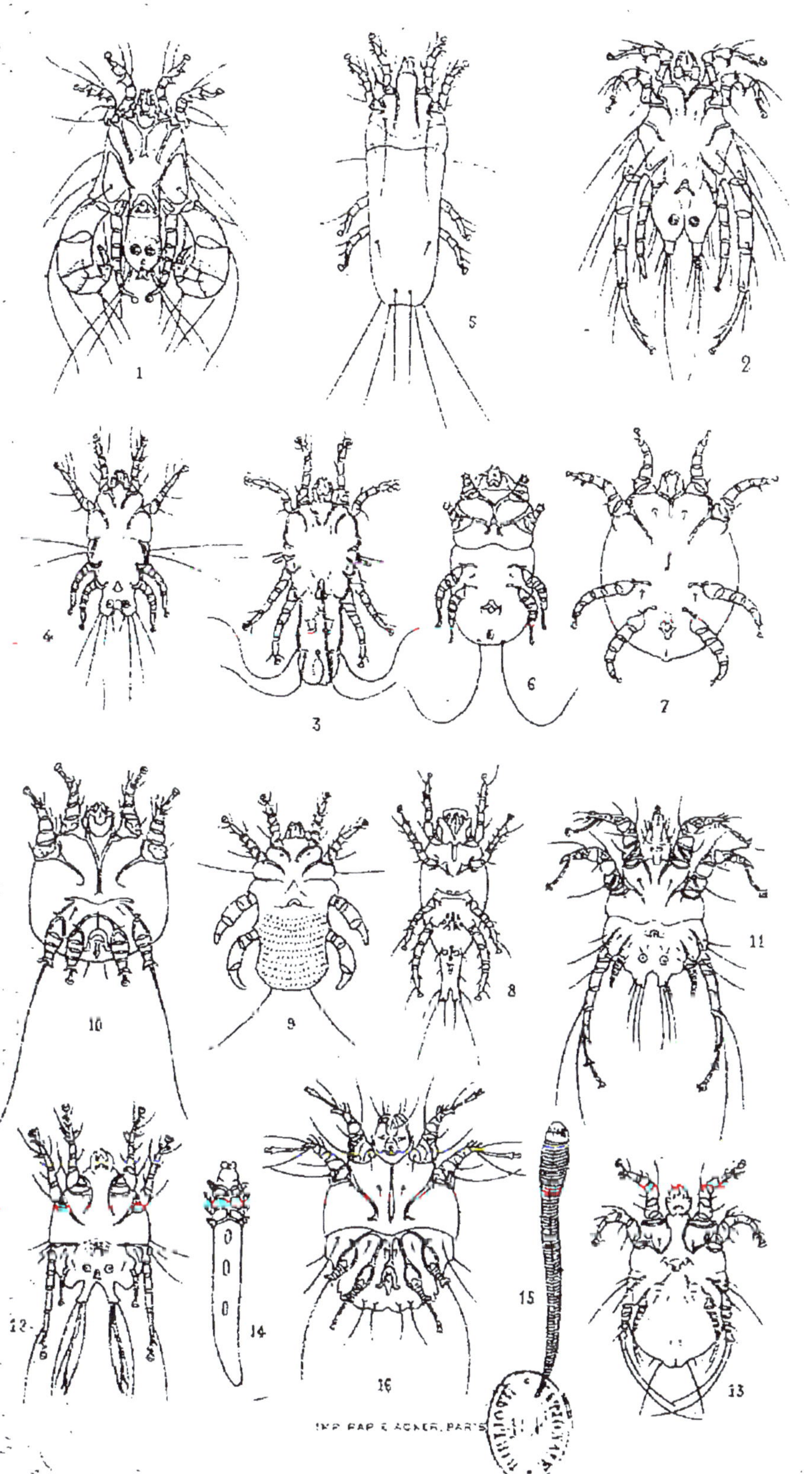

IMP. RAP. E. ACKER, PARIS

ACARIENS

PLANCHE III

LINGUATULIDES

CRUSTACÉS

PLANCHE IV

Figures.		Pages.
1.	Stenorhynchus phalangium, Sténorhynque faucheur......	85
2.	Amathia rissoana, Amathie de Risso....................	86
3.	Inachus thoracicus, Inache thoracique....................	87
4.	Herbstia condyliata, Herbstie noueuse..................	87
5.	Pisa corallina, Pise coralline............................	88
6.	Maïa verrucosa, Maïa verruqueux........................	90
7.	Acanthonyx lunulatus, Acanthonyx lunulé................	90
8.	Eurynomus aspera, Eurynome rugueux..................	91

Les figures 1, 3, 5, 7, 8, sont à peu près représentées de grandeur nature; les figures 2, 4, 6 atteignent de 5 à 10 centimètres.

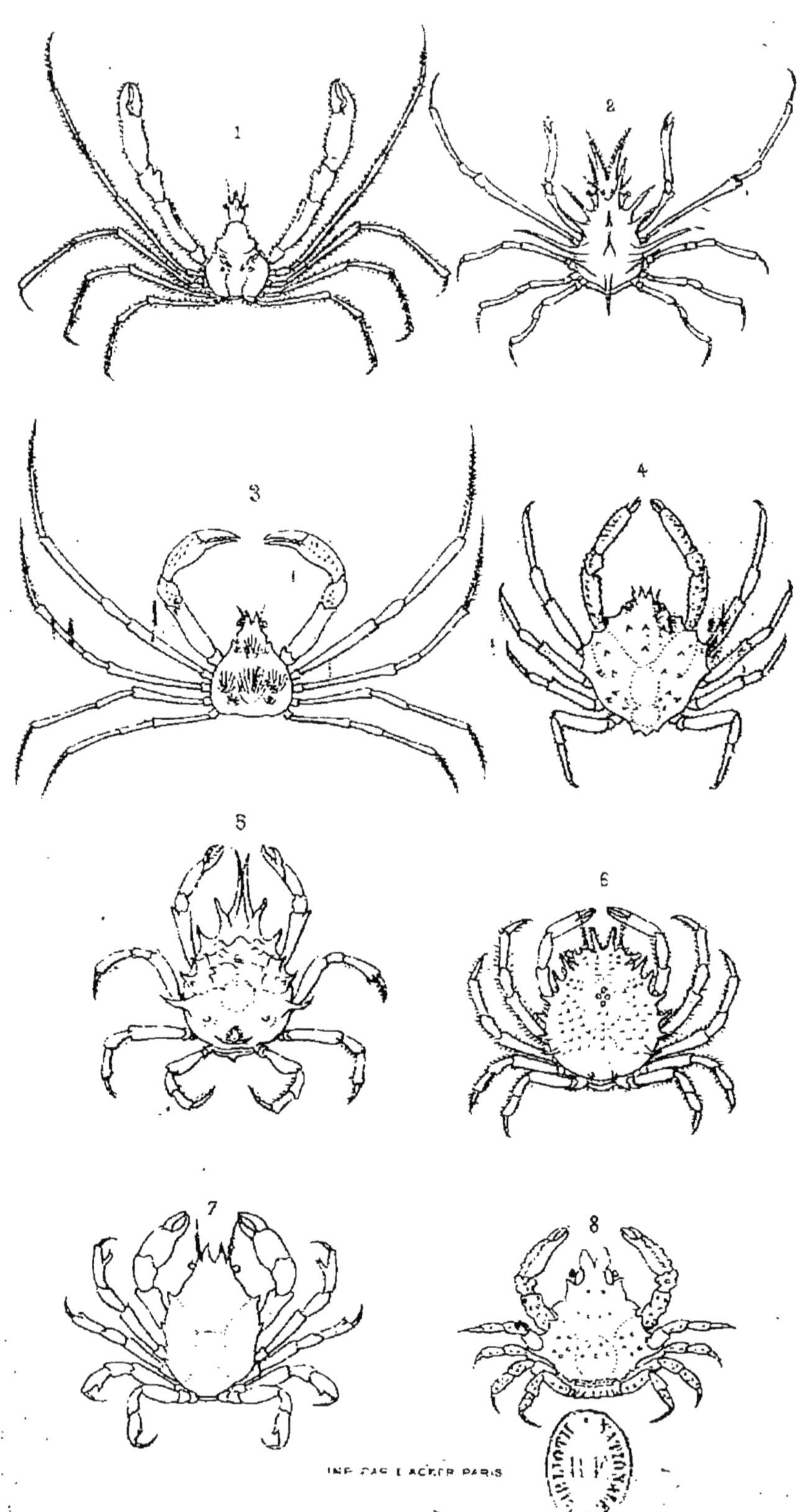
1
2
3
4
5
6
7
8

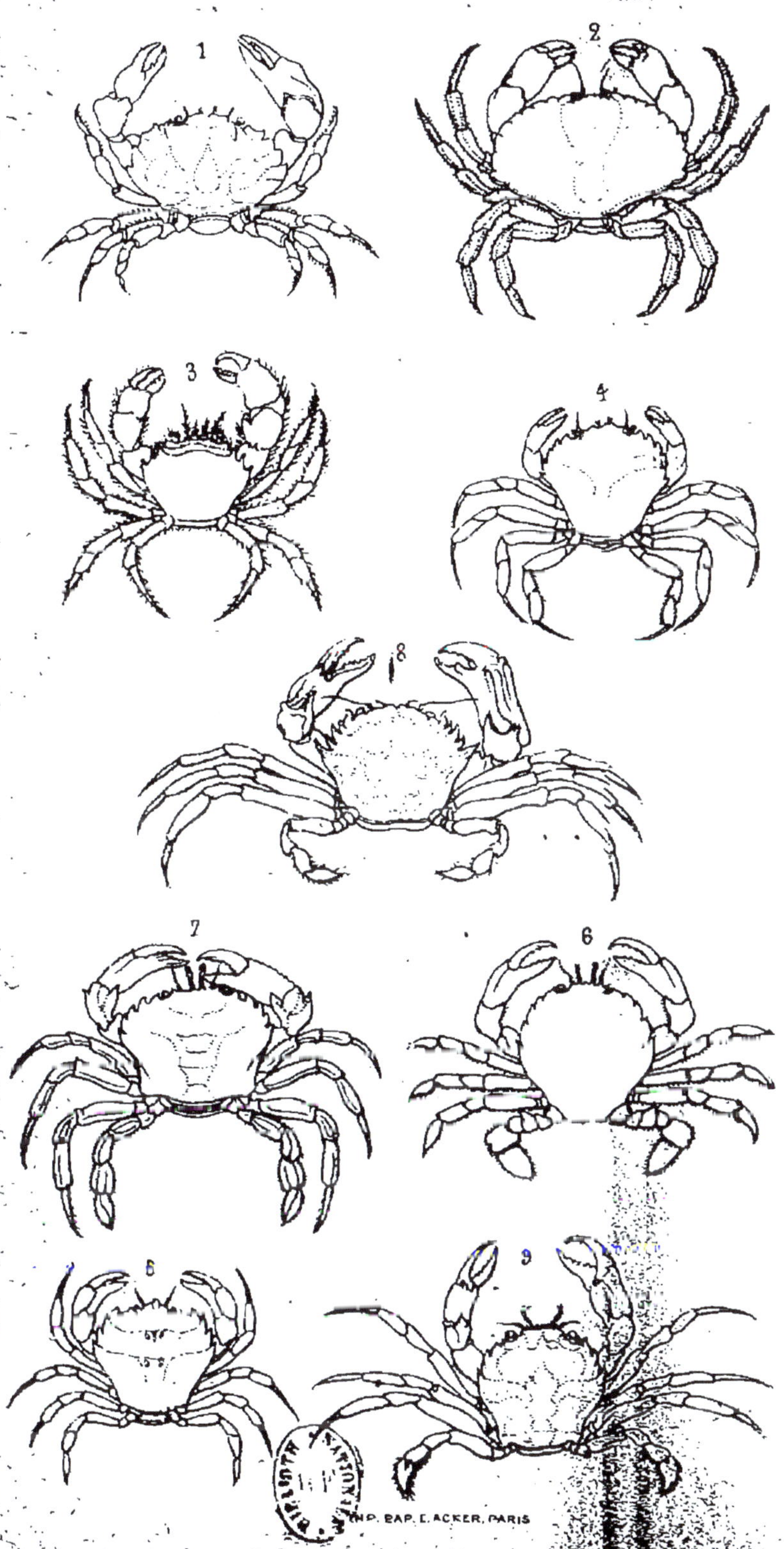

IMP. BAP. LACKER, PARIS

CRUSTACÉS

PLANCHE V

Toutes les espèces fiurées sont considérablement réduites; leur grandeur varie généralment de 2 à 6 centimètres. Le Platycarcinus pagurus peut même atteindre une plus grande taille.

CRUSTACÉS

PLANCHE VI

Les figures de cette planche sont généralement réduites, le Pinnotheres veterum est de grandeur nature.

CRUSTACÉS Pl. 6

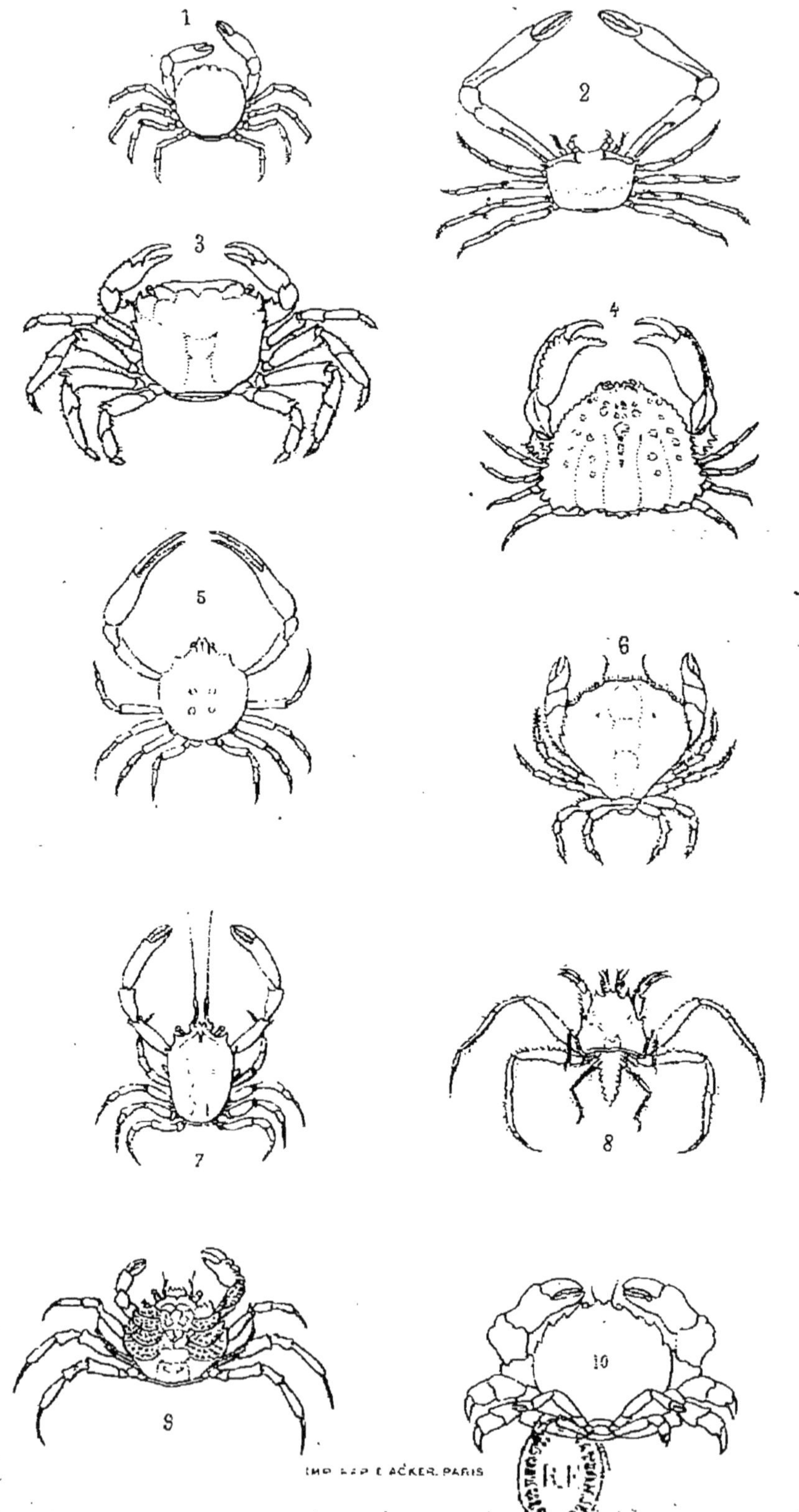

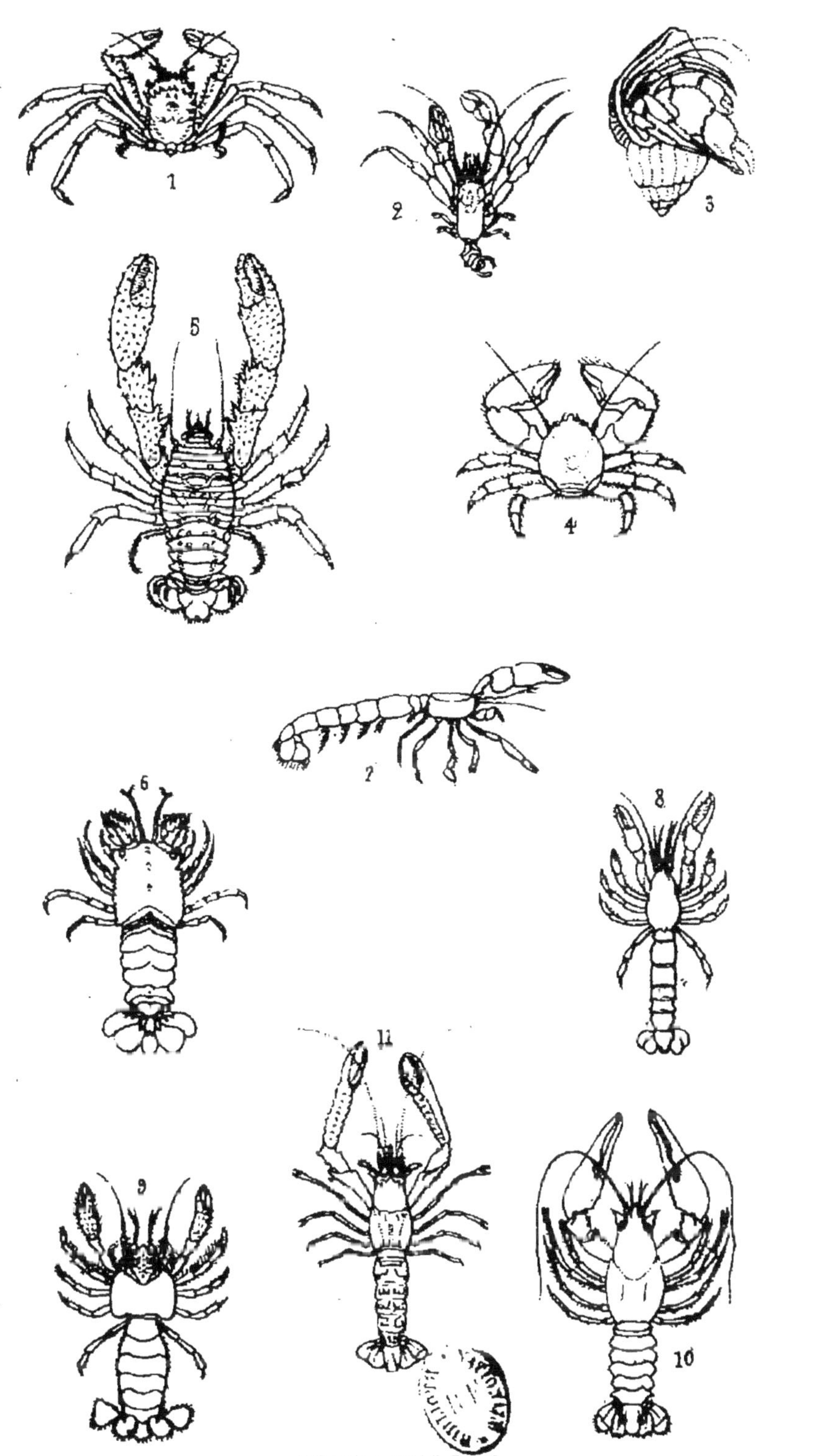

IMP. LAP. LACKER PARIS

CRUSTACÉS

PLANCHE VII

Les figures de cette planche sont réduites, sauf le Porcellana platycheles, qui est de grandeur nature.

CRUSTACÉS

PLANCHE VIII

Figures.		Pages
1.	Crangon vulgaris, Crevette commune (long. 4 à 6 cent.)...	119
2.	Alpheus Edwardsii, Alphée d'Edwards (long. 4 cent.).....	119
3.	Nika edulis, Nika comestible (long. 5 cent.).............	120
4.	Athanas nitescens, Athanase luisant (long. 2 à 3 cent.)...	120
5.	Gnathophyllum elegans, Gnathophylle élégant (long. 4 à 5 c.)	120
6.	Hippolyte Desmaretii, Hippolyte de Desmaret (long. 1 c.)..	121
7.	Lysmata seticauda, Lysmate à queue soyeuse (long. 5 c).	122
8.	Palemon squilla, Palémon squille (long. 4 à 5 cent.)	123
9.	Sicyonia sculpta, Sicyonie sculptée (long 5 cent.)...... ..	124
10.	Penæus caramote, Pénée caramote (long. 10 à 12 cent.)...	124

Les espèces représentées dans cette planche sont généralement réduites, sauf l'Hippolyte Desmaretii, qui est à peu près de grandeur nature.

CRUSTACÉS Pl. 8

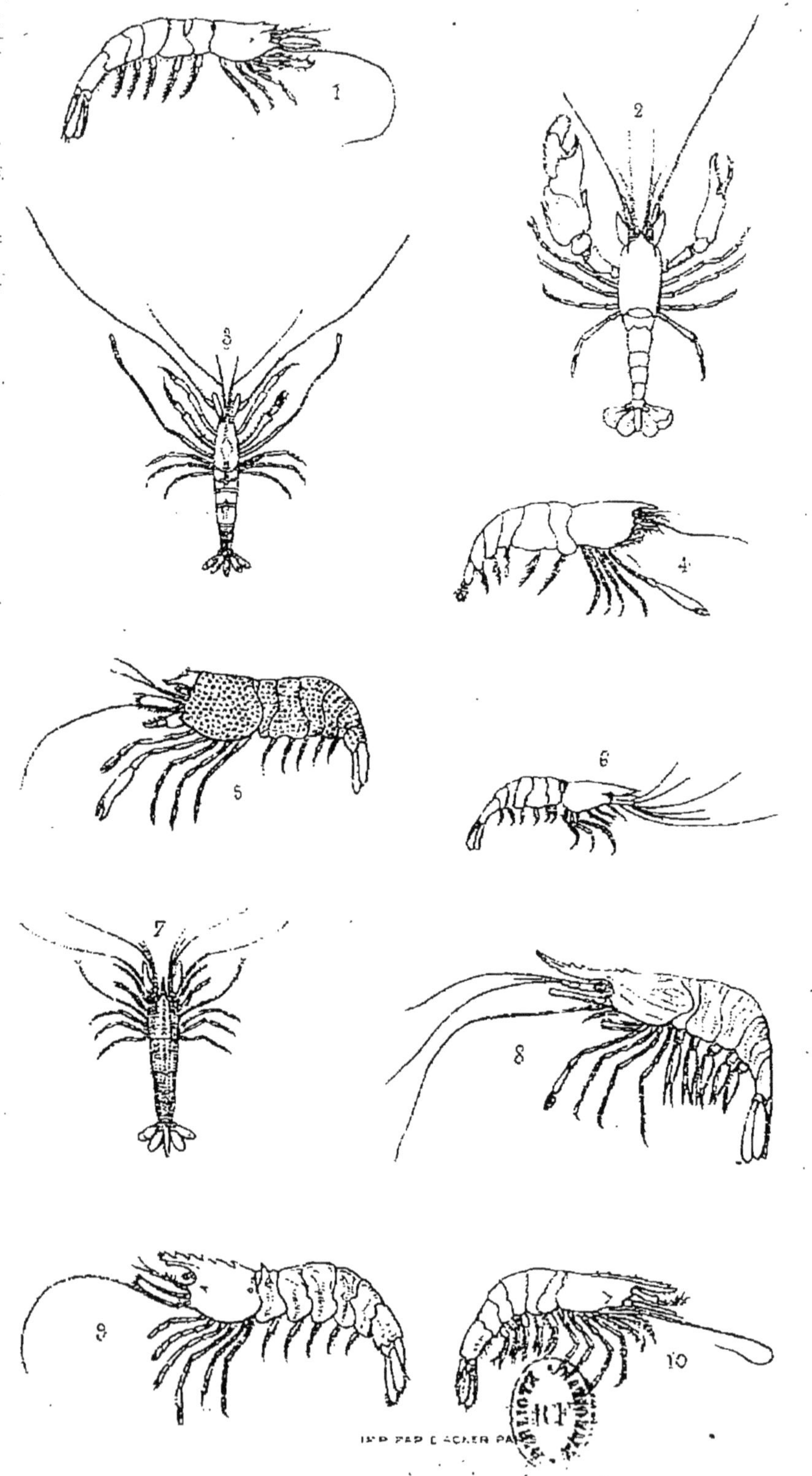

CRUSTACÉS

Pl. 9

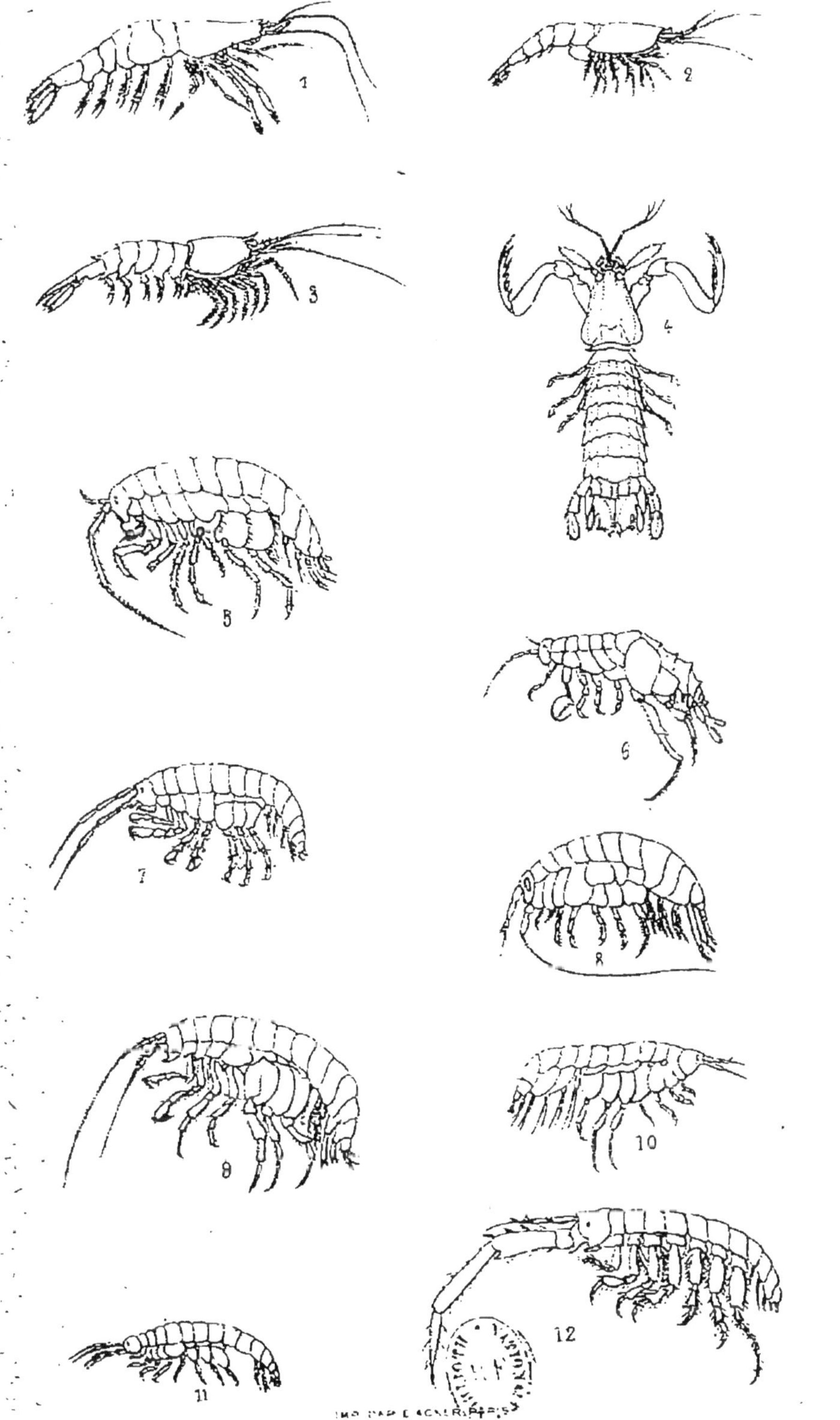

CRUSTACÉS

PLANCHE IX

Les figures 1, 2, 3, 5, 6, 7, 12 sont à peu près de grandeur nature; la figure 4 est considérablement réduite; les autres sont grossies.

CRUSTACÉS

PLANCHE X

Les espèces ci-dessus sont généralement grossies ; les figures 3, 9, 10, 11, sont à peu près de grandeur nature.

CRUSTACES Pl. 10

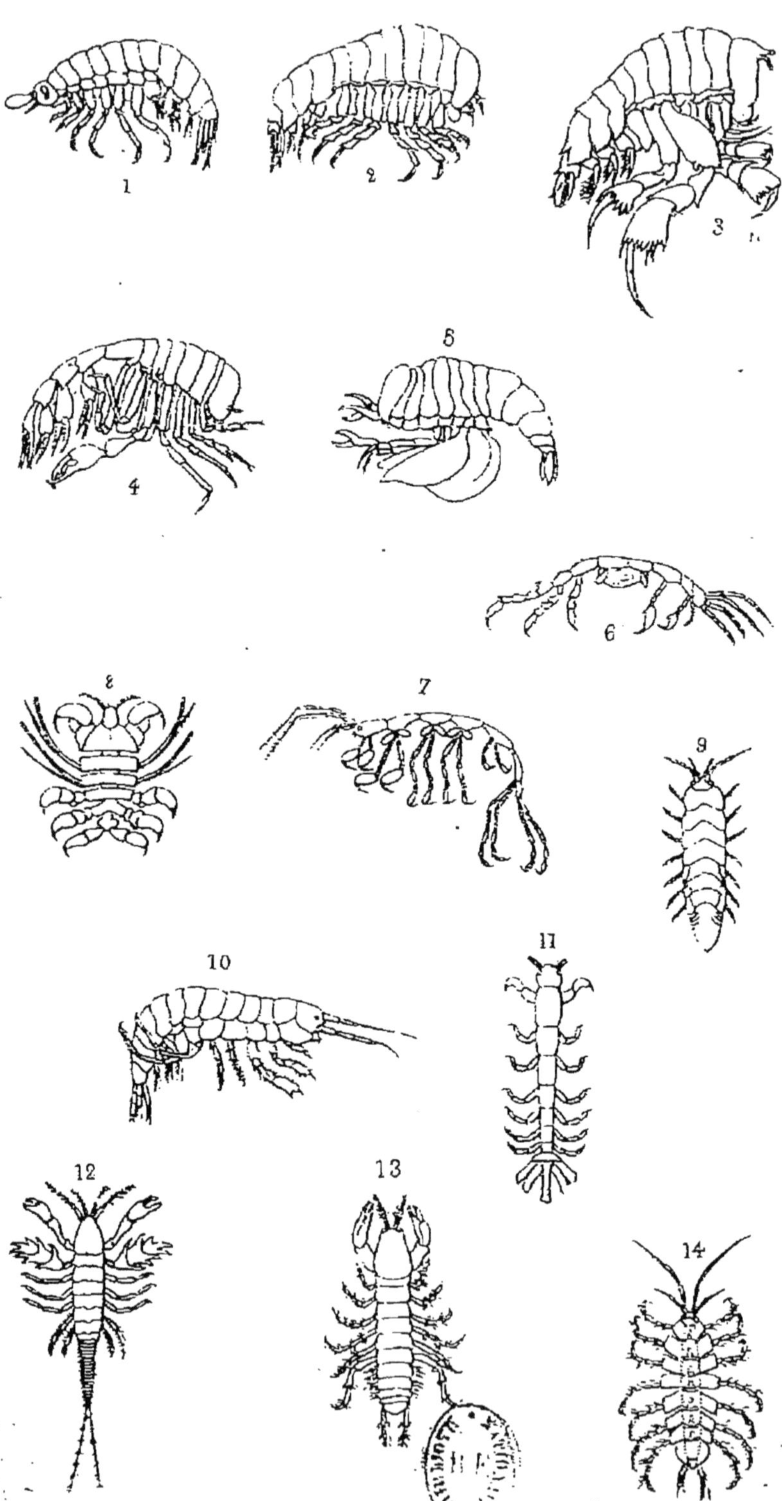

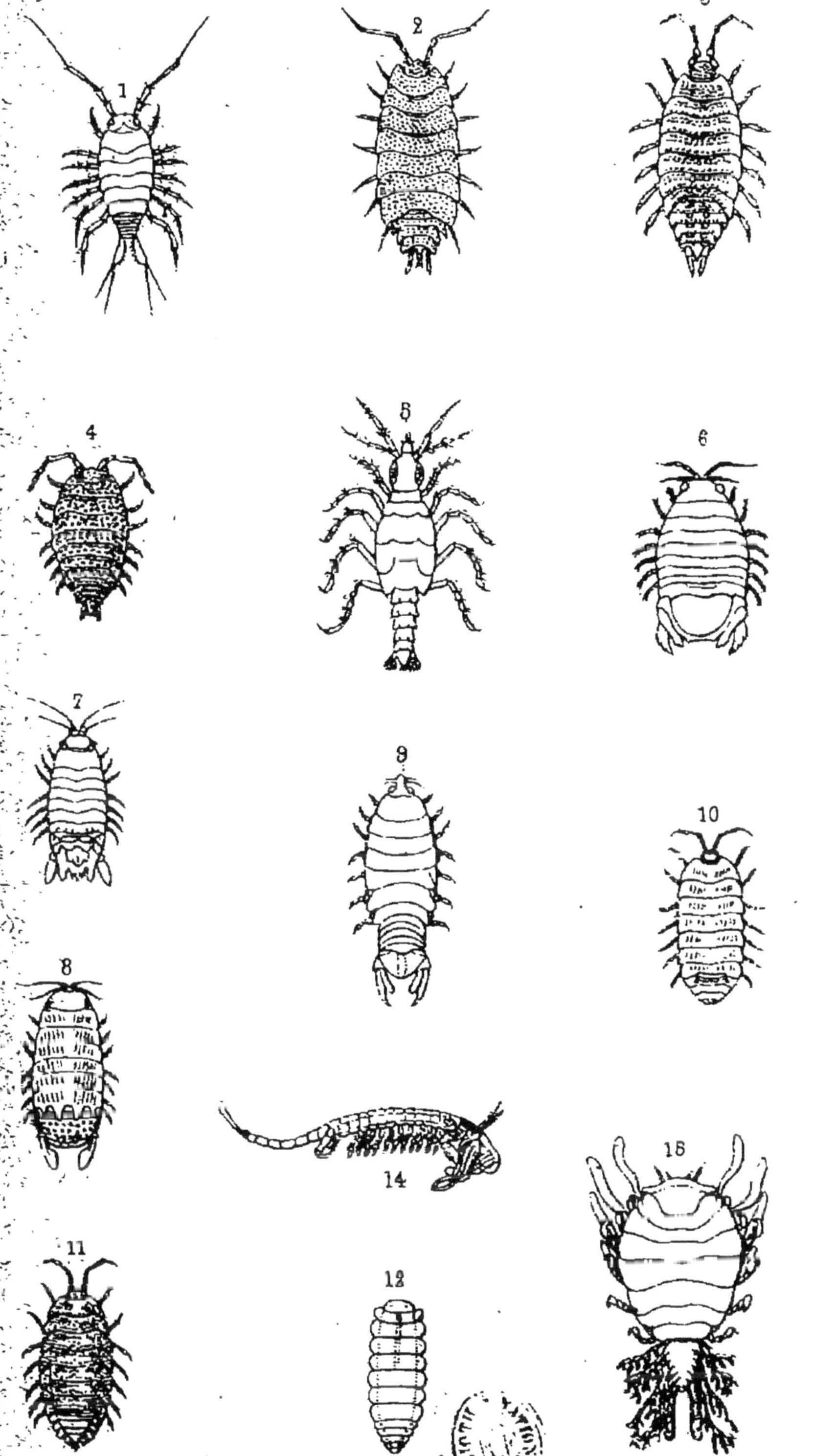
1
2
3
4
5
6
7
8
9
10
11
12
14
15
IMP PAP E ACKER

CRUSTACÉS

PLANCHE XI

Les figures de cette planche sont à peu près de grandeur nature pour les nos 1, 2, 3, 4, 9, 10, 11 ; les autres sont grandies.

CRUSTACÉS

PLANCHE XII

Toutes ces espèces sont très grossies, sauf les figures 1 et 2 qui sont réduites de moitié environ.

CRUSTACÉS Pl. 12

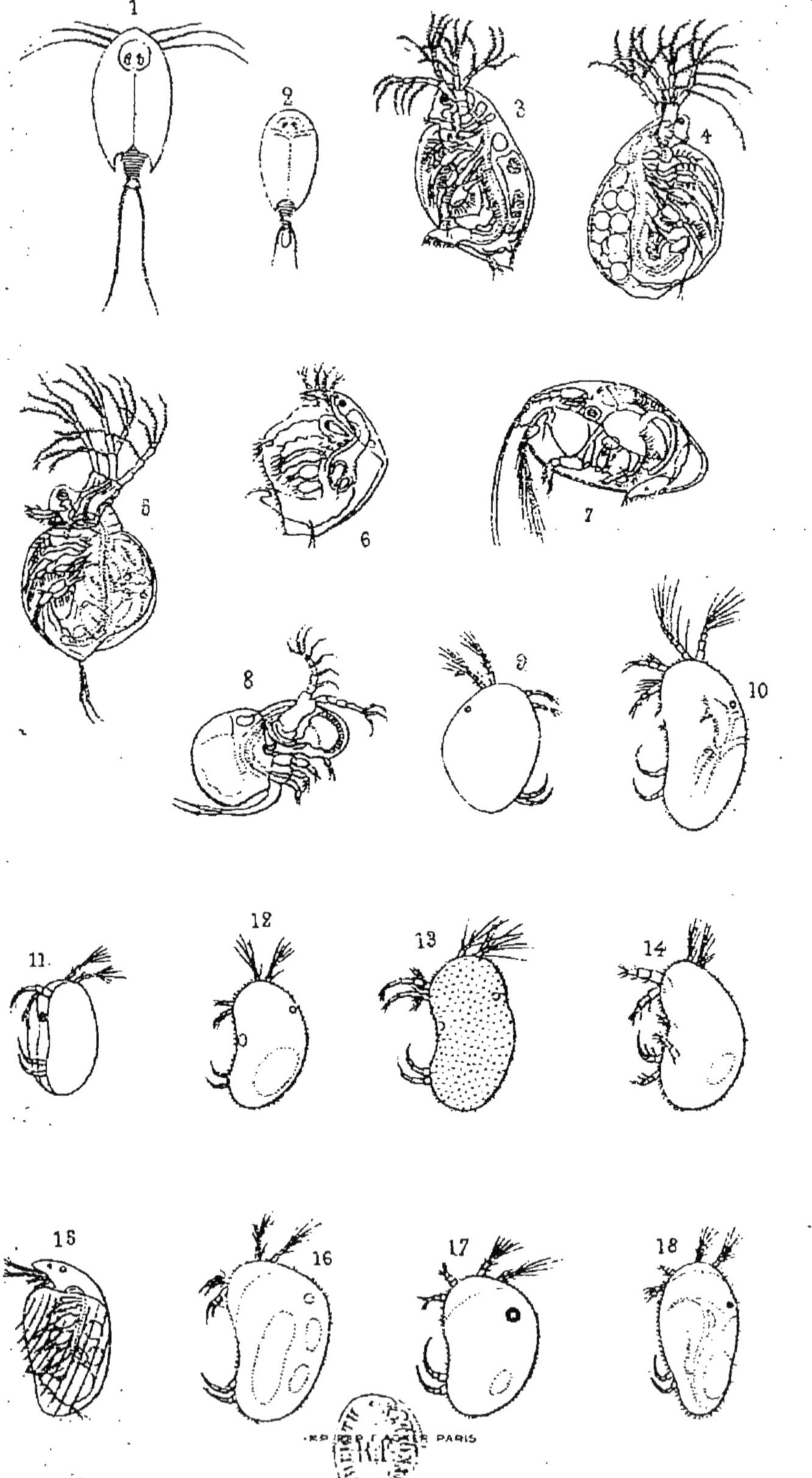

PARIS

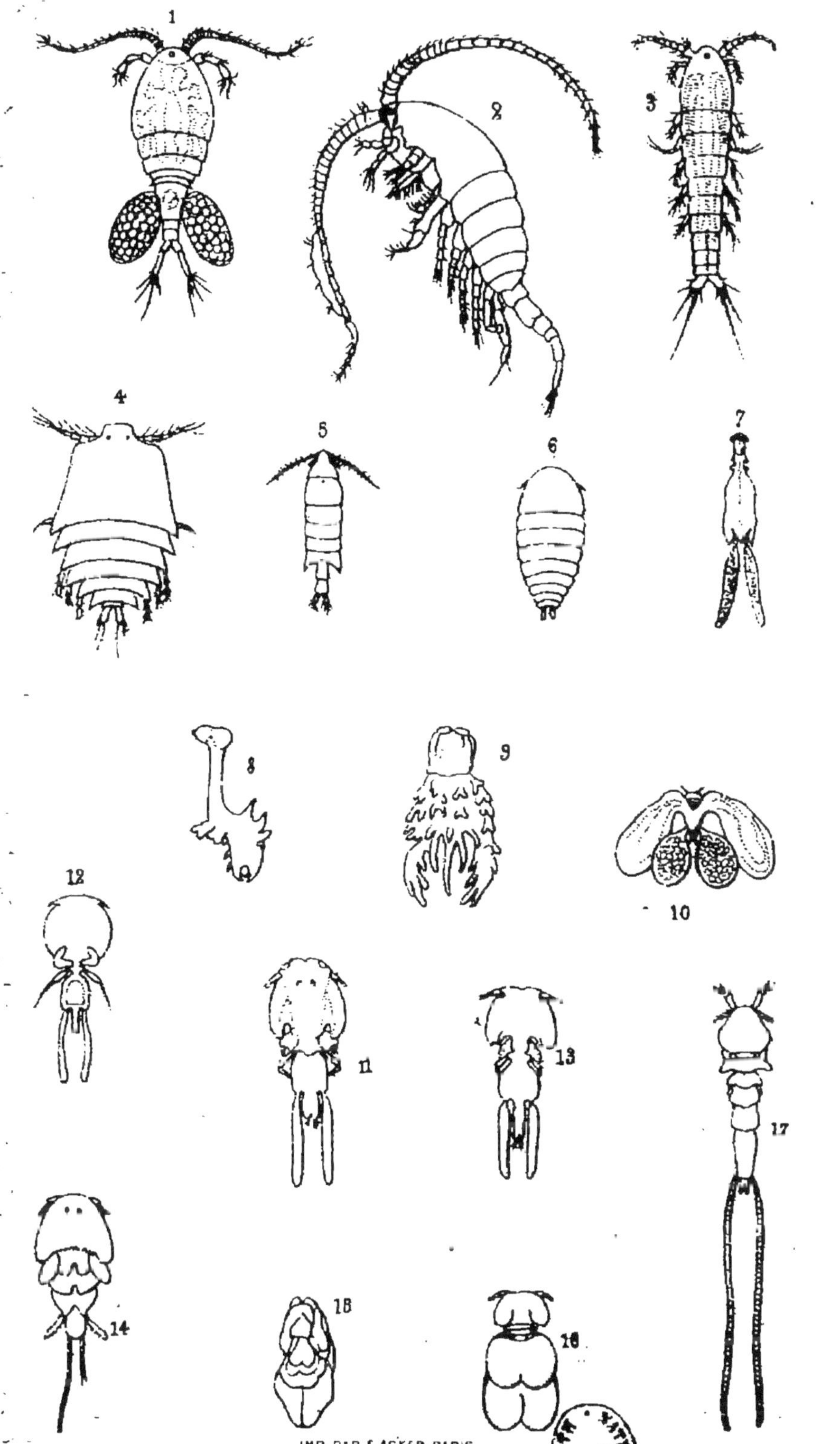

IMP. PAP F ACKER, PARIS

CRUSTACÉS

PLANCHE XIII

CRUSTACÉS

PLANCHE XIV

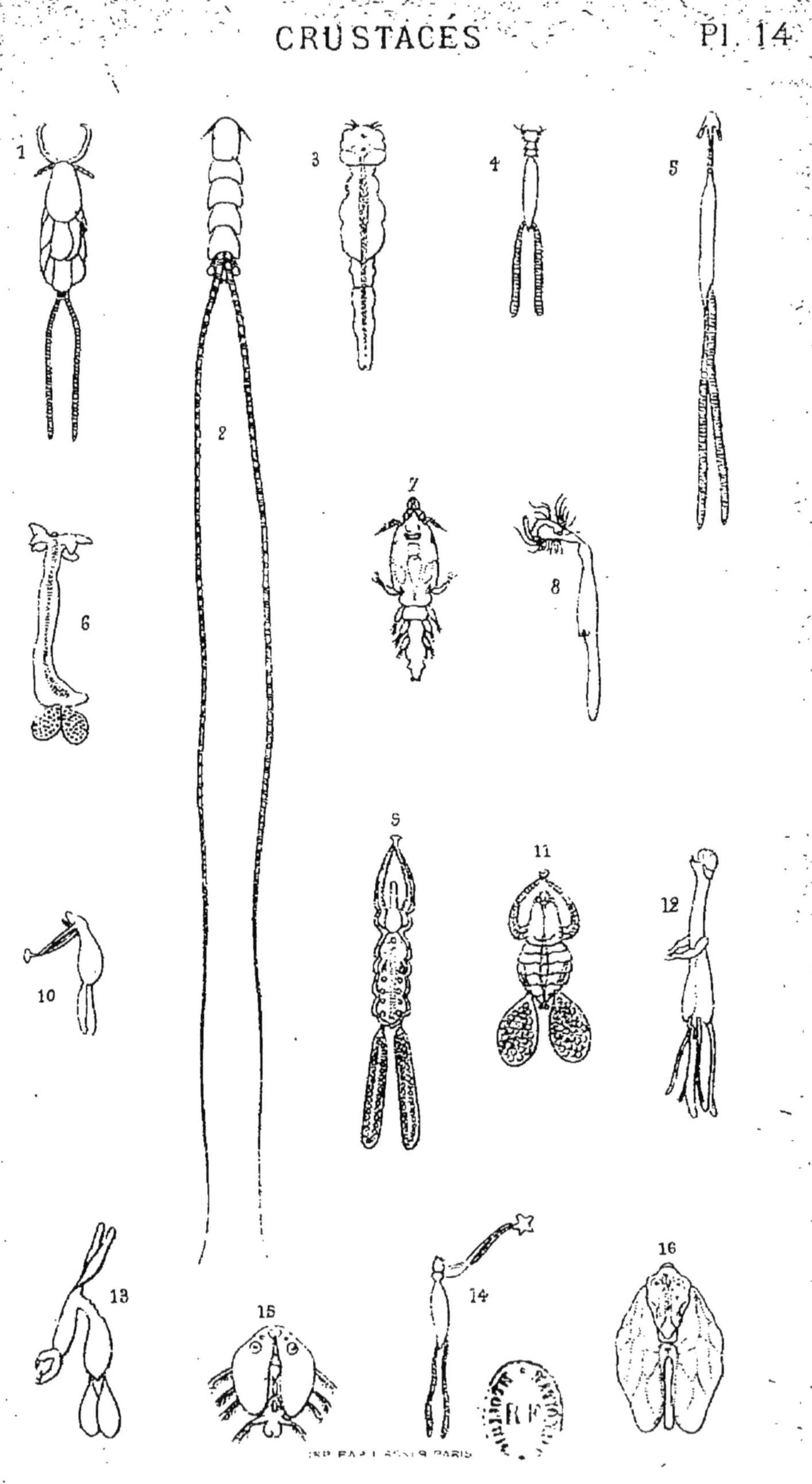
CRUSTACÉS
Pl. 14
1
2
3
4
5
6
7
8
9
10
11
12
13
14
15
16

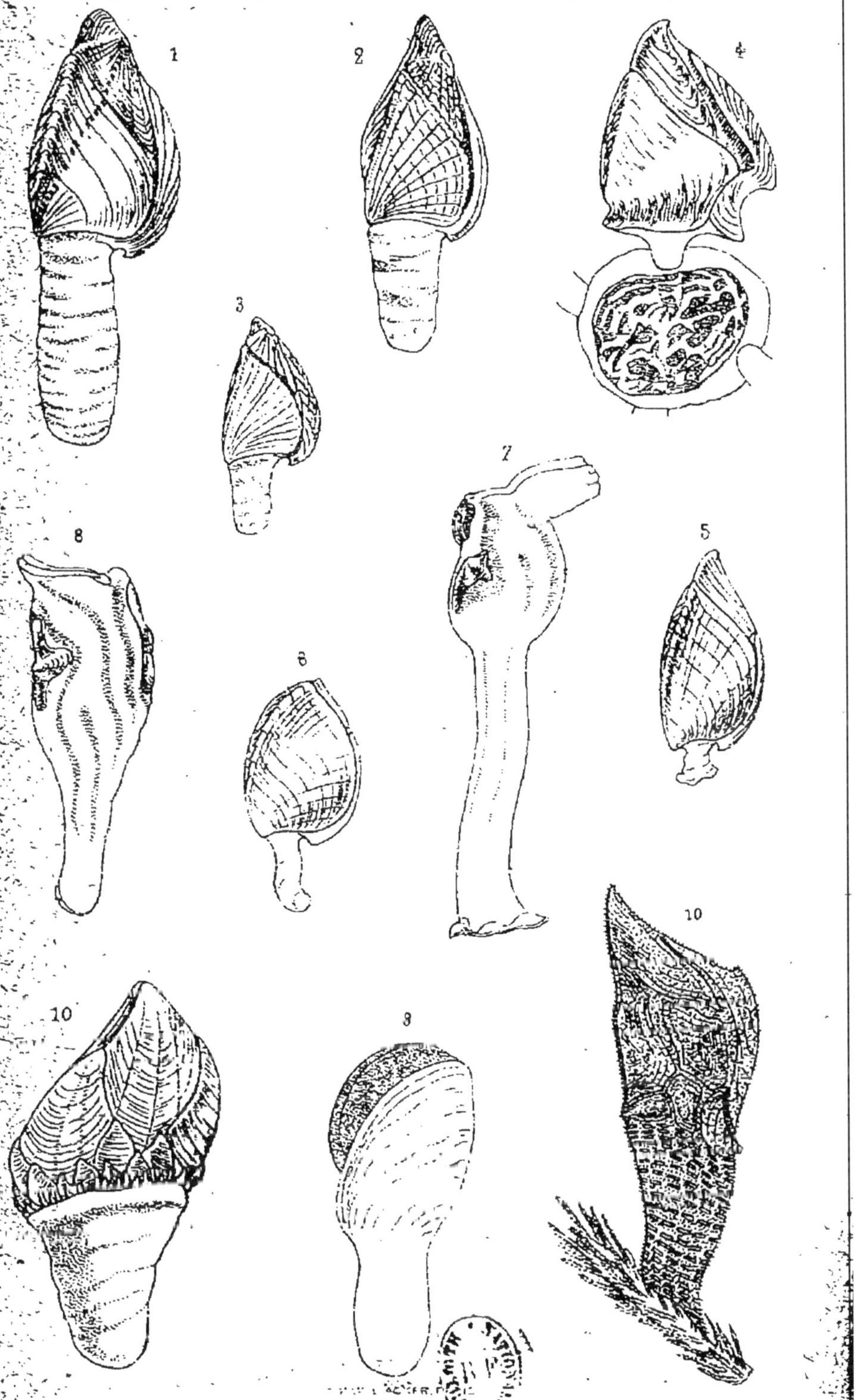

1 2 4

3

7

8 5

6

10

10 8

CRUSTACÉS

PLANCHE XV

Les espèces figurées sur cette planche sont à peu près de grandeur nature.

CIRRHIPÈDES

PLANCHE XVI

Les espèces de cette planche sont figurées grandeur nature.

CRUSTACÉS CIRRHIPÈDES Pl. 16

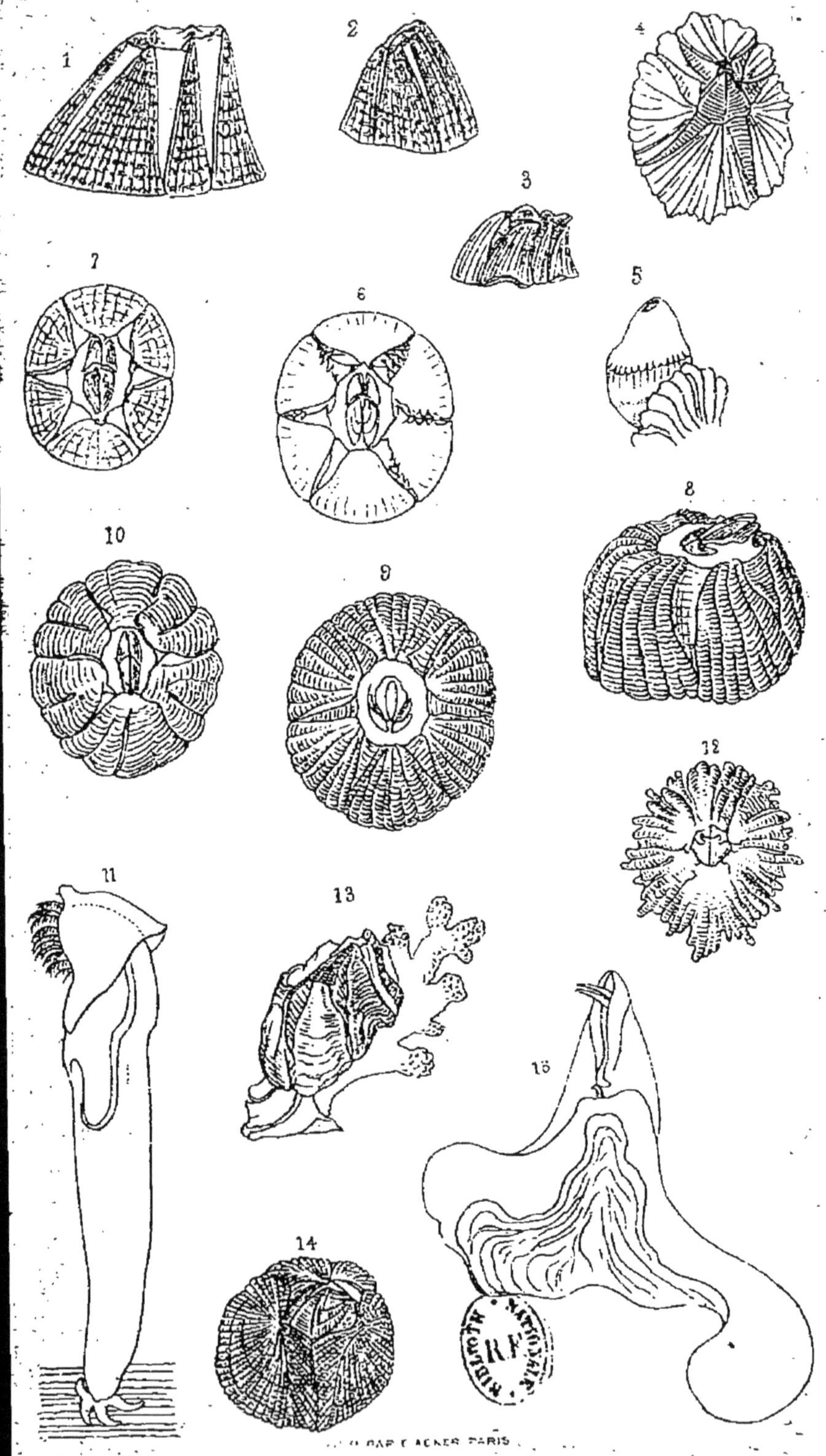

MYRIAPODES Pl. 17

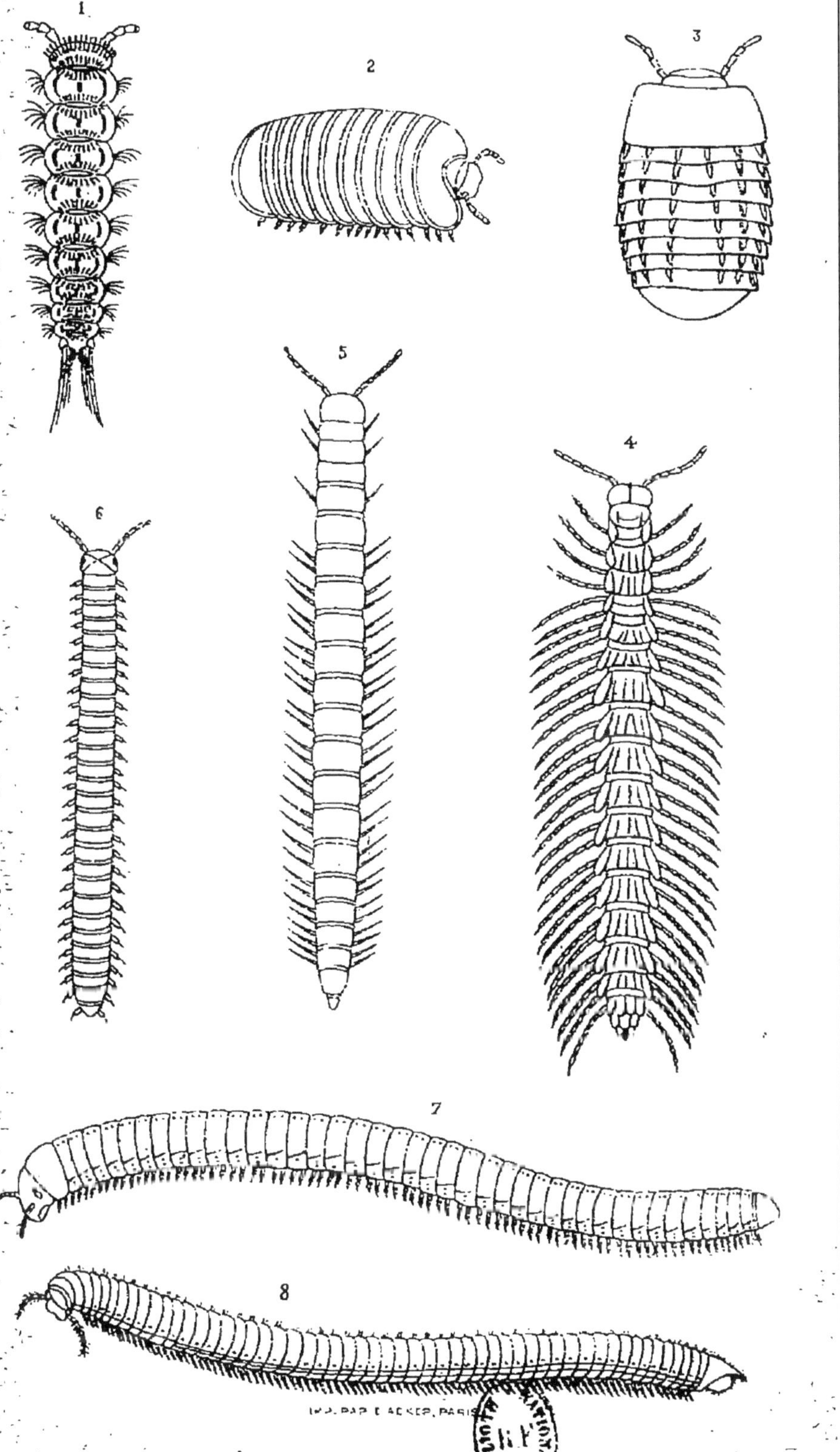

MYRIAPODES

PLANCHE XVII

MYRIAPODES

PLANCHE XVIII

8509-87. — Corbeil. Imprimerie Crété.

MYRIAPODES

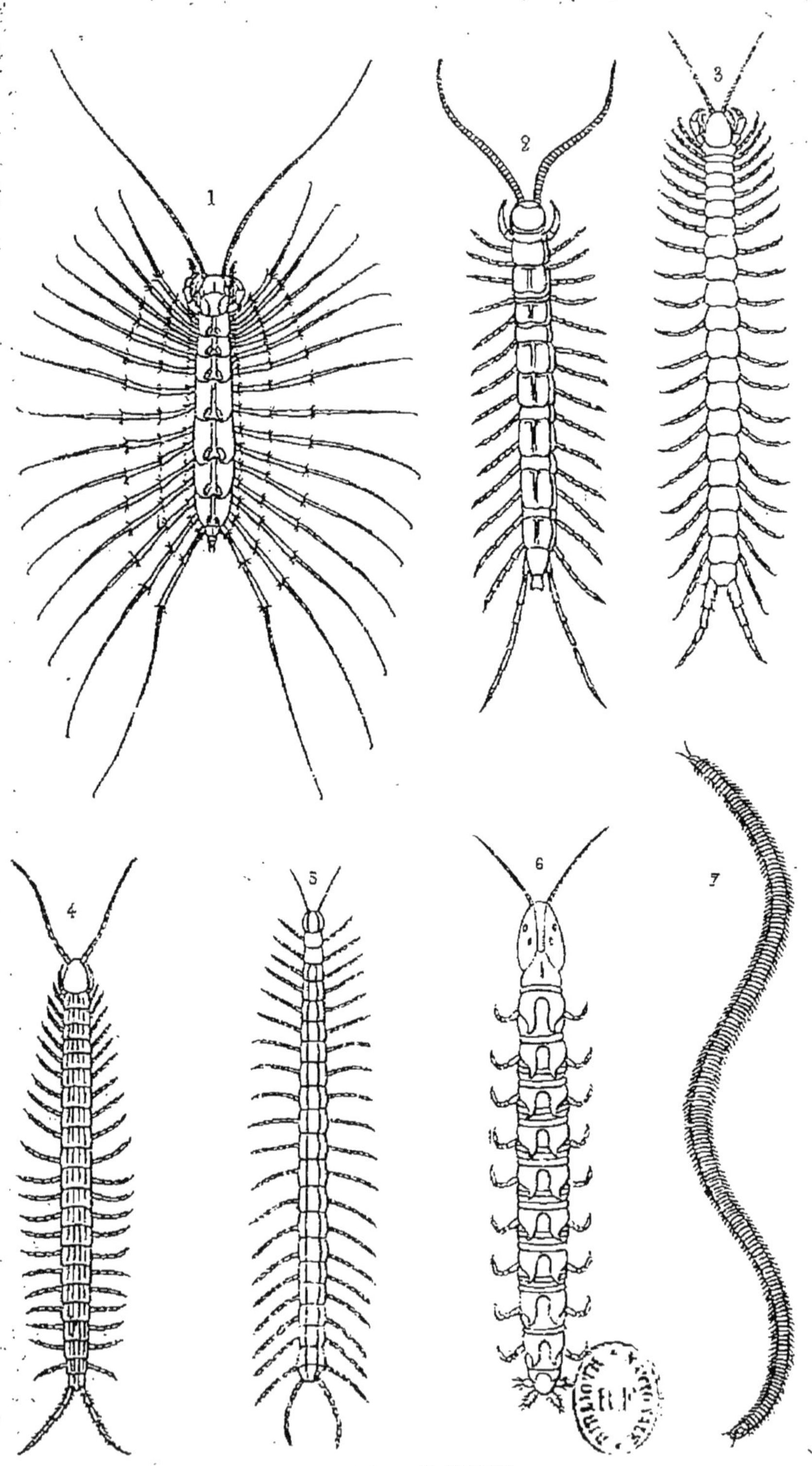

www.ingramcontent.com/pod-product-compliance
Ingram Content Group UK Ltd.
Pitfield, Milton Keynes, MK11 3LW, UK
UKHW012014240726
13965UKWH00002B/364

9 782012 877849